C陷阱与缺陷

C Traps and Pitfalls

[美]安德鲁·凯尼格(Andrew Koenig)◎著
高巍◎译　王昕◎审校

人民邮电出版社
北京

图书在版编目（CIP）数据

C陷阱与缺陷 / (美) 安德鲁·凯尼格著 ; 高巍译
. -- 北京 : 人民邮电出版社, 2020.8(2024.7重印)
ISBN 978-7-115-52127-9

Ⅰ. ①C… Ⅱ. ①安… ②高… Ⅲ. ①C语言一程序设计一研究 Ⅳ. ①TP312.8

中国版本图书馆CIP数据核字(2019)第211491号

版权声明

◆ 著　　　　[美] 安德鲁·凯尼格（Andrew Koenig）
译　　　　高　巍
审　　校　王　昕
责任编辑　傅道坤
责任印制　王　郁　焦志炜

◆ 人民邮电出版社出版发行　北京市丰台区成寿寺路 11 号
邮编　100164　电子邮件　315@ptpress.com.cn
网址　https://www.ptpress.com.cn
固安县铭成印刷有限公司印刷

◆ 开本：700×1000　1/16
印张：12　　　2020 年 8 月第 1 版
字数：218 千字　　　2024 年 7 月河北第 15 次印刷
著作权合同登记号　图字：01-2002-2444 号

定价：49.00 元

读者服务热线：(010)81055410　印装质量热线：(010)81055316
反盗版热线：(010)81055315
广告经营许可证：京东市监广登字 20170147 号

内容提要

本书作者以自己1985年在贝尔实验室时发表的一篇论文为基础，结合自己的工作经验将这篇论文扩展成对C程序员具有珍贵价值的经典著作。本书的出发点不是要批判C语言，而是要帮助C程序员绕过编程过程中的陷阱和障碍。

全书分为8章，分别从词法“陷阱”、语法“陷阱”、语义“陷阱”、链接、库函数、预处理器、可移植性缺陷等几个方面分析了C编程中可能遇到的问题。最后，作者用一章的篇幅给出了若干具有实用价值的建议。

本书适合有一定经验的C程序员阅读学习，即便你是C编程高手，本书也应该成为你的案头必备图书。

作者简介

Andrew Koenig

AT&T 大规模程序研发部（前贝尔实验室）成员。他从 1986 年开始从事 C 语言的研究，1977 年加入贝尔实验室。他编写了一些早期的类库，并在 1988 年组织召开了第一个相当规模的 C++ 会议。在 ISO/ANSI C++委员会成立的 1989 年，他就加入了该委员会，并一直担任项目编辑。他已经发表了 100 多篇 C++方面的论文，除了写作本书，他还写作了 *Ruminations on C++* 一书，而且还应邀到世界各地演讲。

Andrew Koenig 不仅有着多年的 C++开发、研究和教学经验，还亲身参与了 C++的演化和变革，对 C++的变化和发展起到了重要的影响。

中文版序

我动笔写作《C陷阱与缺陷》时，可没想到14年后这本书还在印刷和发行！它之所以历久不衰，我想可能是因为书中道出了C语言编程中一些重要的经验教训。即便到了今天，这些教训也还没有广为人知。

C语言中那些容易导致人犯错误的特性，往往也正是吸引编程老手们的特性。因此，大多数程序员在成长为C编程高手的道路上，犯过的错误总是惊人地相似！只要C语言还能继续感召新的程序员投身其中，这些错误就还会一犯再犯。

大家通常在阅读程序设计图书时会发现，那些图书的作者总是认为，要成为一个优秀的程序员，最重要的无非是学习一种特定程序语言、函数库或者操作系统的细节，而且多多益善。当然，这种观念不无道理，但也有偏颇之处。其实，掌握细节并不难，一本索引丰富完备的参考书就已经足矣；最多可能还需要一位稍有经验的同事不时从旁点拨，指明方向。难的是那些我们已经了解的东西，如何“运用之妙，存乎一心”。

学习哪些是不应该做的，倒不失为一条领悟运用之道的路子。程序设计语言，就比如说C吧，其中那些让精于编程者觉得称心应手之处，也格外容易误用；而经验丰富的老手，甚至可以如有“先见之明”般指出他们误用的方式。研究一种语言中程序员容易犯错之处，不仅可以“前车之覆，后车之鉴”，还能使我们更谙熟这种语言的深层运作机制。

知悉本书中文版即将出版，将面对群体更为庞大的中国读者，我尤为欣喜。如果你正在阅读本书，我真挚地希望，它能对你有所裨益，能为你释疑解惑，能让你体会编程之乐。

Andrew Koenig

美国新泽西州吉列市

2002年10月

Preface to the Chinese Edition

When I first wrote *C Traps and Pitfalls*, I never dreamed that it would still be in print 14 years later! I believe that the reason for this book's longevity is that it teaches some important lessons about C programming that are still not widely understood.

The aspects of C that invite mistakes are the same aspects that make it attractive for expert programmers. Accordingly, most people who set out to become C experts will make the same mistakes along the way——mistakes that will be there to be made as long as C continues to attract new programmers.

If you read a typical programming book, you will probably find that the author thinks that the most important part of becoming a good programmer is to learn as many details as possible about a particular language, library, or system. There is some truth in this notion of course, but it tells only part of the story. Details are easy to learn: All one needs is a reference book with a good index, and erhaps a more experienced colleague to point one in the right direction once in a while. It is much harder to understand the best ways of using what one already knows.

One way to gain such understanding is to learn what not to do.Programming languages, such as C, that are intended to be convenient for experts to use often invite misuse in ways that someone with enough experience can predict. By studying the mistakes that programmers make most often in such a language, one can not only avoid those mistakes, but one can also understand more deeply how the language works.

I am particularly pleased to learn about the Chinese translation of this book because the translation makes it available for the first time to such a large audience. If you read this book, I hope that it will help turn your frustration into happiness.

Andrew Koenig

Gillette, New Jersey, USA

October, 2002

18 次印刷的奇迹

——经典 C 语言图书 *C Traps and Pitfalls* 简介

如果有人问我，要想学好一门编程语言，应该阅读什么样的图书？毫无疑问，在大多数场合下，我都会向他推荐市面上最新出版的图书。原因就是：以现在计算机领域内技术的发展速度，几乎每隔一段时间，我们就需要对自己现有的知识进行更新。这样看来，使用一本比较新的图书，里面的内容会比较贴近当前技术的发展，因而也就能够让你更容易掌握所要学的东西。

但有一本讲述 C 语言的书，自出版以来，历经 14 载，一直都被各个书评站点（或书评人）列入“重点推荐”的清单中。尤为夸张的是，14 年来，在它的 18 次印刷版本中，除去第二次印刷稍微修改过一些问题，以后的 16 次印刷，我们居然发现它的内容没有丝毫变更！对于技术图书，我想其精确性与权威性也算是奇迹了吧。

这就是 Andrew Koenig 给我们带来的 *C Traps and Pitfalls*（《C 陷阱与缺陷》）。在 C/C++领域中，Andy（Andrew 的昵称）的名字对于每个人来说绝对是如雷贯耳。作为一位知名的专栏作者，Andy（和他那位同样大名鼎鼎的妻子 Barbara Moo）已经在各类杂志上面发表了上百篇的杂志文章，给很多人在技术进步的道路上带来了极大的帮助。ACCU 的 Francis Glassborow 对他的评价是“Andy 是世界上最出色的几位 C++专家之一”。

本书是 Andy 的第一本技术图书，其原始素材来自于他在 1986 年提交的同名技术报告。在书中，作者针对 C 程序在编译、链接的过程中可能碰到的种种问题以及编译、运行环境对程序可能带来的影响等，列出了许多值得我们注意的地方。按照作者本人的观点，以前人碰到过的问题来现身说法，可以帮助你避免那些一而再、再而三出现在你的程序中的问题。由于是以实例来描述作者（以及他人）所碰到过的具体问题，因此本书少去了许多空洞无味的说教，虽然本书篇幅不大（原书正文只有区区 147 页），但实际上，它的每个小节、每一段都蕴含着作者（以及他人）大量的经验教训，都值得我们去仔细琢磨，经常温习。为此，Francis Glassborow 说到："从我了解 C 语言开始，我就将它时时放在手边，经常翻阅。"作者自己也在书中毫不谦虚地说："如果你是一个程序员，在开发中经常用到 C 语言，这本书应该成为你的案头必备图书。即使你已经是专家级的 C 语言程序员，仍然有必要拥有一本。"事实上，Andy 并没有吹嘘，就书中所列出的种种问题，我本人也不止一次在自己的程序（也包括别人的程序）中发现它们的踪迹，而且有些问题出现得还极为频繁。这使我不禁想到，要是我们能够早一些看到这本书上提及的问题，那岂不是可以省去很多开发时的除错时间……

可能有人会有疑问：从书名来看，它是一本讲述 C 语言的图书，那么对于 C++的学习者来说，它难道也同样有价值吗？另外，现在 C 语言的 ISO/ANSI 标准文档 C99 都已经制订出来了，而作为一本在 C89 之前出版的 C 语言图书，它的作用是否还和以前一样大呢？答案是肯定的。本书英文版连续 18 次印刷的事实就是有力的证明。实际上，C++和 C 的区别并不大，在 C 程序中常犯的错误通常在 C++程序中也经常得以重现，因此，从这个角度来说，C 语言中的陷阱也常常就是 C++语言中的陷阱。此外，虽然 C99 相对于以前的 K&R C 有了一些变化，但在较低层次（如词法、语法）上，它们几乎是没有差别的。因此，对于本书中所有问题的讨论，几乎都可以适用于 ISO/ANSI C。

现在，人民邮电出版社翻译出版 *C Traps and Pitfalls* 一书，无疑是献给 C 和 C++程序员的一份厚礼。我本人很荣幸能够担任本书的技术审校，为本书中文版的出版尽一点绵薄的心力。感谢译者的辛勤劳动，也感谢出版社能够给我这样的机会！希望本书能够为你的学习带来一些帮助。

王　昕

2002 年 8 月

前言

对于经验丰富的行家而言，得心应手的工具在初学时的困难程度往往要超过那些容易上手的工具。刚刚接触飞机驾驶的学员，初航时总是谨小慎微，只敢沿着海岸线来回飞行，等他们稍有经验，就会明白这样的飞行其实是一件多么轻松的事。初学骑自行车的新手，可能觉得后轮两侧的辅助轮很有帮助，一旦熟练了，就会发现它们很是碍手碍脚。

这种情况对程序设计语言也是一样。任何一种程序设计语言，总存在一些语言特性，很可能会给还没有完全熟悉它们的人带来麻烦。令人吃惊的是，这些特性虽然因程序设计语言的不同而异，但对于特定的一种语言，几乎每个程序员都在同样的一些特性上犯过错误，吃过苦头！因此，我也就萌生了将这些程序员易犯错误的特性加以收集、整理的最初念头。

我第一次尝试收集这类问题是在 1977 年。当时，在华盛顿特区举行的一次 SHARE（IBM 大型机用户组）会议上，我做了一次题为“PL/I 中的问题与‘陷阱’”的发言。做此发言时，我刚从哥伦比亚大学调至 AT&T 的贝尔实验室。在哥伦比亚大学我们主要的开发语言是 PL/I，而贝尔实验室中主要的开发语言却是 C。在贝尔实验室工作的 10 年间，我积累了丰富的经验，深谙 C 程序员（也包括我本人）在开发时如果一知半解将会遇到多少麻烦。

1985 年，我开始收集有关 C 语言的此类问题，并在年底将结果整理后作为一篇内部论文发表。这篇论文所引发的回应大大出乎我的意料，共有 2000 多人向贝尔实验室的图书馆索取该论文的副本！我由此确信，有必要进一步扩充该论文的内容，于是就写成了现在读者所看到的这本书。

本书是什么

本书力图通过揭示一般程序员甚至是经验老道的职业程序员如何在编程中犯错误、摔跟头，以提倡和鼓励预防性的程序设计。这些错误实际上一旦被程序员真正认识和理解，并不难避免。因此，本书阐述的重点不是一般原则，而是一个个具体的例子。

如果你是一个程序员并且开发中真正用到 C 语言来解决复杂问题，本书应该成为你的案头必备图书。即使你已经是一个专家级的 C 语言程序员，仍然有必要拥有这本书，很多读过本书早期手稿的专业 C 程序员常常感叹："就在上星期我还遇到这样一个 Bug！"如果你正在教授 C 语言课程，本书毫无疑问应该成为你向学生推荐的首选补充阅读材料。

本书不是什么

本书不是对 C 语言的批评。程序员无论使用何种程序设计语言，都有可能遇到麻烦。本书浓缩了作者长达 10 年的 C 语言开发经验，集中阐述了 C 语言中各种问题和"陷阱"，目的是希望程序员读者能够从中吸取我本人以及我所见过的其他人所犯错误的经验教训。

本书不是一本"烹饪菜谱"。我们无法通过详尽的指导说明来完全避免错误。如果可行的话，那么所有的交通事故都可以通过在路旁刷上"小心驾驶"的标语来杜绝。对一般人而言，最有效的学习方式是从感性的、活生生的事例中学习，比如自己的亲身经历或者他人的经验教训。而且，哪怕只是明白了一种特定的错误是如何发生的，就已经在将来避免该错误的路上迈了一大步。

本书并不打算教你如何用 C 语言编程（可见 Kernighan 和 Ritchie：*The C Programming Language*，第 2 版，Prentice-Hall，1988），也不是一本 C 语言参考手册（可见 Harbison 和 Steele：*C：A Reference Manual*，第 2 版，Prentice-Hall，1987）。本书未提及数据结构与算法（可见 Van Wyk：*Data Structures And C Programs*，Addison-Wesley，1988），仅仅简略介绍了可移植性（可见 Horton：*How To Write Portable*

Programs In C，Prentice-Hall，1989）和操作系统接口（可见 Kernighan 和 Pike：*The Unix Programming Environment*，Prentice-Hall，1984）。本书所涉及的问题均来自编程实践，并适当作了简化（如果希望读到一些“挖空心思”设计出来，专门让你绞尽脑汁的 C 语言难题，可见 Feuer：*The C Puzzle Book*，Prentice-Hall，1982）。本书既不是一本字典，也不是一本百科全书，我力图使其精简短小，以鼓励读者能够阅读全书。

读者的参与和贡献

可以肯定，我遗漏了某些值得注意的问题。如果你发现了一个 C 语言问题而本书又未提及，请通过 Addison-Wesley 出版社与我联系。在本书的下一版中，我很有可能引用你的发现，并且向你致谢。

关于 ANSI C

在写作本书时，ANSI C 标准尚未最后定案。严格地说，在 ANSI 委员会完成其工作之前，“ANSI C”的提法从技术上而言是不正确的。而实际上，ANSI 标准化工作大体已经尘埃落定，本书提及的有关 ANSI C 标准内容基本上不可能有所变动。很多 C 编译器甚至已经实现了 ANSI 委员会所考虑的对 C 语言的大部分重大改进。

无须担心你使用的 C 编译器不支持书中出现的 ANSI 标准函数语法，它并不会妨碍你理解例子中真正重要的内容，而且书中提及的程序员易犯错误其实与何种版本的 C 编译器并无太大关系。

致谢

本书中问题的收集整理工作绝非一人之力可以完成。以下诸位都向我指出过 C 语言中的特定问题，他们是 Steve Bellovin（6.3 节）、Mark Brader（1.1 节）、Luca Cardelli（4.4 节）、Larry Cipriani（2.3 节）、Guy Harris 和 Steve Johnson（2.2 节）、Phil Karn（2.2 节）、Dave Kristol（7.5 节）、George W. Leach（1.1 节）、Doug McIlroy（2.3 节）、Barbara Moo（7.2 节）、Rob Pike（1.1 节）、Jim Reeds（3.6 节）、Dennis Ritchie（2.2 节）、Janet Sirkis（5.2 节）、Richard Stevens（2.5 节）、Bjarne Stroustrup（2.3 节）、Ephraim Vishnaic（1.4 节），以及一位自愿要求隐去姓名的人（2.3 节）。为简短起见，对于同一个问题此处仅仅列出了第一位向我指出该问题的人。我认

为这些错误绝不是凭空臆造出来的，而且即使是，我想也没有人愿意承认。至少这些错误我本人几乎都犯过，而且有的还不止犯过一次。

在书稿编辑方面许多有用的建议来自 Steve Bellovin、Jim Coplien、Marc Donner、Jon Forrest、Brian Kernighan、Doug McIlroy、Barbara Moo、Rob Murray、Bob Richton、Dennis Ritchie、Jonathan Shapiro，以及一些未透露姓名的审阅人员。Lee McMahon 与 Ed Sitar 为我指出了早期手稿中的许多录入错误，使我避免了一旦成书后将要遇到的很多尴尬。Dave Prosser 为我指明了许多 ANSI C 中的细微之处。Brian Kernighan 提供了极有价值的排版工具和帮助。

与 Addison-Wesley 出版社合作是一件愉快的事情，感谢 Jim DeWolf、Mary Dyer、Lorraine Ferrier、Katherine Harutunian、Marshall Henrichs、Debbie Lafferty、Keith Wollman 和 Helen Wythe。当然，他们也从一些并不为我所知的人那里得到了帮助，使本书最终得以出版，在此一并致谢。

我需要特别感谢 AT&T 贝尔实验室的管理层，包括 Steve Chappell、Bob Factor、Wayne Hunt、Rob Murray、Will Smith、Dan Stanzione 和 Eric Sumner，他们开明的态度和支持使我得以写作本书。

本书书名受到 Robert Sheckley 的科幻小说选集的启发，其书名是 *The People Trap and Other Pitfalls，Snares，Devices and Delusions*（*as well as Two Sniggles and a Contrivance*）（1968 年由 Dell Books 出版）。

资源与支持

本书由异步社区出品，社区（https://www.epubit.com/）为您提供相关资源和后续服务。

提交勘误

作者和编辑尽最大努力来确保书中内容的准确性，但难免会存在疏漏。欢迎您将发现的问题反馈给我们，帮助我们提升图书的质量。

当您发现错误时，请登录异步社区，按书名搜索，进入本书页面，单击“提交勘误”，输入勘误信息，单击“提交”按钮即可。本书的作者和编辑会对您提交的勘误进行审核，确认并接受后，您将获赠异步社区的 100 积分。积分可用于在异步社区兑换优惠券、样书或奖品。

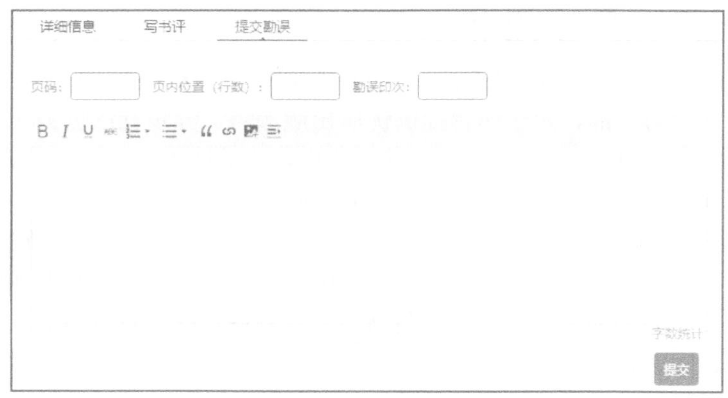

扫码关注本书

扫描下方二维码，您将会在异步社区微信服务号中看到本书信息及相关的服务提示。

异步社区

与我们联系

我们的联系邮箱是 contact@epubit.com.cn。

如果您对本书有任何疑问或建议，请您发邮件给我们，并请在邮件标题中注明本书书名，以便我们更高效地做出反馈。

如果您有兴趣出版图书、录制教学视频，或者参与图书翻译、技术审校等工作，可以发邮件给我们；有意出版图书的作者也可以到异步社区在线投稿（直接访问 www.epubit.com/selfpublish/submission 即可）。

如果您所在学校、培训机构或企业，想批量购买本书或异步社区出版的其他图书，也可以发邮件给我们。

如果您在网上发现有针对异步社区出品图书的各种形式的盗版行为，包括对图书全部或部分内容的非授权传播，请您将怀疑有侵权行为的链接发邮件给我们。您的这一举动是对作者权益的保护，也是我们持续为您提供有价值的内容的动力之源。

关于异步社区和异步图书

“异步社区”是人民邮电出版社旗下 IT 专业图书社区，致力于出版精品 IT 技术图书和相关学习产品，为作译者提供优质出版服务。异步社区创办于 2015 年 8 月，提供大量精品 IT 技术图书和电子书，以及高品质技术文章和视频课程。更多详情请访问异步社区官网 https://www.epubit.com。

“异步图书”是由异步社区编辑团队策划出版的精品 IT 专业图书的品牌，依托于人民邮电出版社近 30 年的计算机图书出版积累和专业编辑团队，相关图书在封面上印有异步图书的 LOGO。异步图书的出版领域包括软件开发、大数据、AI、测试、前端、网络技术等。

异步社区

微信服务号

目录

第0章 导读

我的第一个计算机程序写于1966年，是用Fortran语言开发的。该程序需要完成的任务是计算并打印输出10000以内的所有Fibonacci数，也就是一个包括1，1，2，3，5，8，13，21，…等元素的数列，其中第2个数字之后的每个数字都是前两个数字之和。当然，写程序代码很难第一次就顺利通过编译：

```
  I = 0
  J = 0
  K = 1
1 PRINT 10,K
  I = J
  J = K
  K = I + J
  IF (K - 10000) 1, 1, 2
2 CALL EXIT
10 FORMAT(I10)
```

Fortran 程序员很容易发现上面这段代码遗漏了一个 END 语句。当我添上 END 语句之后，程序还是不能通过编译，编译器的错误消息也让人迷惑不解：ERROR 6。

通过仔细查阅编译器参考手册中对错误消息的说明，我最后终于明白了问题所在：我使用的Fortran编译器不能处理4位数以上的整型常量。将上面这段代码中的 10000 改为 9999，程序就顺利通过了编译。

我的第一个 C 程序写于 1977 年。当然，第一次还是没有得到正确结果：

```
#include <stdio.h>

main()
{
        printf("Hello world");
}
```

这段代码虽然在编译时一次通过，但是程序执行的结果看上去有点奇怪。终端输出差不多就是下面这样：

```
% cc prog.c
% a.out
Hello world%
```

这里的%字符是系统提示符，操作系统用它来提示用户输入。因为在程序中没有写明“Hello world”消息之后应该换行，所以系统提示符%直接出现在输出的“Hello world”消息之后。这个程序中还有一个更加难以察觉的错误，将在 3.10 节加以讨论。

上面提到的两个程序中所出现的错误，是有着实质区别的两种不同类型的错误。在 Fortran 程序的例子中出现了两个错误，但是这两个错误都能够被编译器检测出来。而 C 程序的例子从技术上说是正确的，至少从计算机的角度来看它没有错误。因此，C 程序顺利通过了编译，没有报告任何警告或错误消息。计算机严格地按照我写明的程序代码来执行，但结果并不是我真正希望得到的。

本书所要集中讨论的是第二类问题，也就是程序并没有按照程序员所期待的方式执行。更进一步，本书的讨论限定在 C 语言程序中可能产生这类错误的方式。例如，考虑下面这段代码：

```
int i;
int a[N];
for (i = 0; i <= N; i++)
        a[i] = 0;
```

这段代码的作用是初始化一个 N 元数组，但是在很多 C 编译器中，它将会陷入一个死循环！3.6 节讨论了导致这种情况的原因。

程序设计错误实际上反映的是程序与程序员这两者对该程序的“心智模式”[①]的相异之处。就程序错误的本性而言，我们很难给它们进行恰当的分类。对于一个程序错误，可以从不同层面采用不同方式进行考察。根据程序错误与考察程序的方式之间的相关性，我尝试着对程序错误进行了划分。

译注①：心智模式（mental model）在彼得·圣吉的《第五项修炼——学习型组织的艺术与实务》（上海三联书店，1998 年第 2 版）中也有提到，被解释为“人们深植心中，对于周遭世界如何运作的看法和行为”。Howard Gardner 在研究认知科学的一本著作《心灵的新科学》（*The Mind's New Science*）中认为，人们的心智模式决定了人们如何认识周遭世界。《列子》一书中有个典型的故事，说有个人遗失了一把斧头，他怀疑是邻居孩子偷的，暗中观察他的行为，怎么看怎么像偷斧头的人；后来他在自己家中找到了遗失的斧头，再碰到邻居的孩子时，怎么看也不像会是偷他斧头的人了。

从较低的层面考察，程序是由符号（token）序列所组成的，正如一本书是由一个一个字词所组成的一样。将程序分解成符号的过程，称为“词法分析”。第 1 章考察在程序被词法分析器分解成各个符号的过程中可能出现的问题。

组成程序的这些符号，又可以看成是语句和声明的序列，就好像一本书可以看成是由单词进一步结合而成的句子所组成的集合。无论是对于书而言，还是对于程序而言，符号或者单词如何组成更大的单元（对于前者是语句和声明，对于后者是句子）的语法细节最终决定了语义。如果没有正确理解这些语法细节，将会出现怎样的错误呢？第 2 章就此进行了讨论。

第 3 章处理有关语义误解的问题：程序员的本意是希望表示某种事物，而实际表示的却是另外一种事物。在这一章中我们假定程序员对词法细节和语法细节的理解没有问题，因此着重讨论语义细节。

第 4 章注意到这样一个事实：C 程序经常是由若干个部分组成，它们分别进行编译，最后再整合起来。这个过程称为“链接”，是程序和其支持环境之间关系的一部分。

程序的支持环境包括某组库函数（library routine）。虽然严格说来库函数并不是语言的一部分，但是它对任何一个有用的程序都非常重要。尤其是，有些库函数几乎会在每个 C 程序中都要用到。对这些库函数的误用可以说是五花八门，因此值得在第 5 章中专门讨论。

在第 6 章，我们还注意到，由于 C 预处理器的介入，实际运行的程序并不是最初编写的程序。虽然不同预处理器的实现存在或多或少的差异，但是大部分特性是各种预处理器都支持的。第 6 章讨论了与这些特性有关的有用内容。

第 7 章讨论了可移植性问题，也就是为什么在一个实现平台上能够运行的程序却无法在另一个平台上运行。当牵涉到可移植性时，哪怕是非常简单的类似整数的算术运算这样的事情，其困难程度也常常会出人意料。

第 8 章提供了有关预防性程序设计的一些建议，还给出了其他章节的练习解答。

最后，附录讨论了 3 个常用的却普遍被误解的库函数。

练习 0-1　你是否愿意购买厂家所生产的一辆返修率很高的汽车？如果厂家声明对它已经做出了改进，你的态度是否会改变？用户为你找出程序中的 bug，你真正损失的是什么？

练习 0-2　修建一个 100 英尺（约 30.5 米）长的护栏，护栏的栏杆之间相距 10 英尺（约 3.05 米），需要用到多少根栏杆？

练习 0-3　在烹饪时你是否失手用菜刀切伤过自己的手？怎样改进菜刀会让使用更安全？你是否愿意使用这样一把经过改良的菜刀？

第1章

词法“陷阱”

在阅读一个英文句子时，我们并不去考虑组成这个句子的单词中单个字母的含义，而是把单词作为一个整体来理解。确实，字母本身并没有什么意义，我们总是将字母组成单词，然后给单词赋予一定的意义。

对于用C语言或其他语言编写的程序，道理也是一样的。程序中的单个字符孤立来看并没有什么意义，只有结合上下文才有意义。因此，在p->s = "->";这个语句中，两处出现的'-'字符的意义大相径庭。更精确地说，上式中出现的两个'-'字符分别是不同符号的组成部分：第一个'-'字符是符号->的组成部分，而第二个'-'字符是一个字符串的组成部分。此外，符号->的含义与组成该符号的字符'-'或字符'>'的含义也完全不同。

术语“符号”（token）指的是程序的一个基本组成单元，其作用相当于一个句子中的单词。从某种意义上说，一个单词无论出现在哪个句子中，它代表的意思都是一样的，是一个表义的基本单元。与此类似，符号就是程序中的一个基本信息单元。而组成符号的字符序列就不同，同一组字符序列在某个上下文环境中属于一个符号，而在另一个上下文环境中可能属于完全不同的另一个符号。

> 译注：如上面的字符'-'和字符'>'组成的字符序列->，在不同的上下文环境中，一个代表->运算符，一个代表字符串"->"。

编译器中负责将程序分解为一个一个符号的部分，一般称为“词法分析器”。

再看下面一个例子：

```
if (x > big) big = x;
```

这个语句的第一个符号是 C 语言的关键字 if，紧接着下一个符号是左括号，再下一个符号是标识符 x，再下一个是大于号，再下一个是标识符 big，以此类推。在 C 语言中，符号之间的空白（包括空格符、制表符或换行符）将被忽略，因此上面的语句还可以写成：

```
if
(
x
>
big
)
big
=
x
;
```

本章将探讨符号和组成符号的字符间的关系，以及有关符号含义的一些常见误解。

1.1 =不同于==

由 Algol 派生而来的大多数程序设计语言，例如 Pascal 和 Ada，以符号:=作为赋值运算符，以符号=作为比较运算符。而 C 语言使用的是另一种表示法：以符号=作为赋值运算，以符号= =作为比较。一般而言，赋值运算相对于比较运算出现得更频繁，因此字符数较少的符号=就被赋予了更常用的含义——赋值操作。此外，在 C 语言中赋值符号被作为一种操作符对待，因而重复进行赋值操作（如 a=b=c）可以很容易地书写，并且赋值操作还可以被嵌入到更大的表达式中。

这种使用上的便利性可能导致一个潜在的问题：程序员本意是作比较运算，

却可能无意中误写成了赋值运算。比如下例，该语句本意似乎是要检查 x 是否等于 y：

```
if (x = y)
        break;
```

而实际上是将 y 的值赋给了 x，然后检查该值是否为零。再看下面一个例子，本例中循环语句的本意是跳过文件中的空格符、制表符和换行号：

```
while (c = ' ' || c == '\t' || c == '\n')
        c = getc (f);
```

由于程序员在比较字符' '和变量 c 时，误将比较运算符= =写成了赋值运算符=，而赋值运算符=的优先级要低于逻辑运算符 || ，因此实际上是将以下表达式的值赋给了 c：

```
' ' || c == '\t' || c == '\n'
```

因为 ' ' 不等于零（' ' 的 ASCII 码值为 32），那么无论变量 c 此前为何值，上述表达式求值的结果都是 1，所以循环将一直进行下去，直到整个文件结束。文件结束之后循环是否还会进行下去，要取决于 getc 库函数的具体实现，即该函数在文件指针到达文件结尾之后是否还允许继续读取字符。如果允许继续读取字符，那么循环将一直进行，从而成为一个死循环。

某些 C 编译器在发现形如 e1 = e2 的表达式出现在循环语句的条件判断部分时，会给出警告消息以提醒程序员。当确实需要对变量进行赋值并检查该变量的新值是否为 0 时，为了避免来自该类编译器的警告，我们不应该简单关闭警告选项，而应该显式地进行比较。也就是说，下例

```
if (x = y)
        foo();
```

应该写作：

```
if ((x = y) != 0)
        foo();
```

这种写法也使得代码的意图一目了然。至于为什么要用括号把 x = y 括起来，2.2 节将讨论这个问题。

前面一直谈的是把比较运算误写成赋值运算的情形，此外，如果把赋值运算误写成比较运算，同样会造成混淆：

```
if ((filedesc == open(argv[i], 0)) < 0)
        error();
```

在本例中，如果函数 open 执行成功，将返回 0 或者正数；而如果函数 open 执行失败，将返回–1。上面这段代码的本意是将函数 open 的返回值存储在变量 filedesc 之中，然后通过比较变量 filedesc 是否小于 0 来检查函数 open 是否执行成功。但是，此处的==本应是=。而按照上面代码中的写法，实际进行的操作是比较函数 open 的返回值与变量 filedesc。然后检查比较的结果是否小于 0，因为比较运算符==的结果只可能是 0 或 1，永远不可能小于 0，所以函数 error()将没有机会被调用。如果代码被执行，似乎一切正常，除了变量 filedesc 的值不再是函数 open 的返回值（事实上，甚至完全与函数 open 无关）。某些编译器在遇到这种情况时，会警告与 0 比较无效。但是，程序员不能指望靠编译器来提醒，毕竟警告消息可以被忽略，而且并不是所有编译器都具备这样的功能。

1.2　& 和 | 不同于&& 和 ||

很多其他语言都使用=作为比较运算符，因此很容易误将赋值运算符=写成比较运算符= =。同样，将按位运算符&与逻辑运算符&&调换，或者将按位运算符 | 与逻辑运算符 || 调换，也是很容易犯的错误。特别是 C 语言中按位与运算符&和按位或运算符 | ，与某些其他语言中的按位与运算符和按位或运算符在表现形式上完全不同（如 Pascal 语言中分别是 and 和 or），这更容易让程序员因为受到其他语言的影响而犯错。关于这些运算符精确含义的讨论见 3.8 节。

1.3　词法分析中的“贪心法”

C 语言的某些符号，例如/ 、* 、和=，只有一个字符，称为单字符符号。而 C 语言中的其他符号，例如/*和 = = ，以及标识符，包括了多个字符，称为多字符符号。当 C 编译器读入一个字符'/'后又跟了一个字符'*'，那么编译器就必须做出判断：是将其作为两个分别的符号对待，还是合起来作为一个符号对待。C 语言对这个问题的解决方案可以归纳为一个很简单的规则：每一个符号应该包含尽可能多的字符。也就是说，编译器将程序分解成符号的方法是，从左到右一个字符一个字符地读入，如果该字符可能组成一个符号，那么再读入下一个字符，判断已经读入的两个字符组成的字符串是否可能是一个符号的组成部分；如果可能，继续读入下一个字符，重复上述判断，直到读入的字符组成的字符串已不再可能组成一个有意义的符号。这个处理策略有时被称为“贪心法”，或者更口语化一点，称为“大嘴法”。Kernighan 与 Ritchie 对这个方法的表述如下，“如果（编译器的）输入流截至某个字符之前都已经被分解为一个个符号，那么下一个符号将包括从该字符之后可能组成一个符号的最长字符串”。

需要注意的是，除了字符串与字符常量，符号的中间不能嵌有空白（空格符、制表符和换行符）。例如，==是单个符号，而= =则是两个符号，下面的表达式

```
a---b
```

与表达式

```
a -- - b
```

的含义相同，而与

```
a - -- b
```

的含义不同。同样，如果/是为判断下一个符号而读入的第一个字符，而/之后紧接着*，那么无论上下文如何，这两个字符都将被当作一个符号/*，表示一段注释的开始。

根据代码中注释的意思，下面语句的本意似乎是用 x 除以 p 所指向的值，把所得的商再赋给 y：

```
y = x/*p        /* p指向除数*/;
```

而实际上，/*被编译器理解为一段注释的开始，编译器将不断地读入字符，直到*/出现为止。也就是说，该语句直接将 x 的值赋给 y，根本不会顾及后面出现的 p。将上面的语句重写如下：

```
y = x / *p      /* p指向除数 */;
```

或者更加清楚一点，写作：

```
y = x/(*p)    /* p 指向除数 */;
```

这样得到的实际效果才是语句注释所表示的原意。

诸如此类的准二义性（near-ambiguity）问题，在有的上下文环境中还有可能招致麻烦。例如，老版本的 C 语言中允许使用=+来代表现在+=的含义。这种老版本的 C 编译器会将

```
a=-1;
```

理解为下面的语句

```
a =- 1;
```

亦即

```
a = a - 1;
```

因此，如果程序员的原意是

```
a = -1;
```

那么所得结果将使其大吃一惊。

另外，尽管/*看上去像一段注释的开始，但在下例中这种老版本的编译器会将

```
a=/*b;
```

当作

```
a =/ *b ;
```

这种老版本的编译器还会将复合赋值视为两个符号，因而可以毫无疑问地处理

```
a >> = 1;
```

而一个严格的 ANSI C 编译器则会报错。

1.4 整型常量

如果一个整型常量的第一个字符是数字 0，那么该常量将被视作八进制数。

因此，10 与 010 的含义截然不同。此外，许多 C 编译器会把 8 和 9 也作为八进制数字处理。这种多少有点奇怪的处理方式来自八进制数的定义。例如，0195 的含义是 $1\times8^2+9\times8^1+5\times8^0$，也就是 141（十进制）或者 0215（八进制）。我们当然不建议这种用法，ANSI C 标准也禁止这种用法。

需要注意以下这种情况，有时候在上下文中为了格式对齐的需要，可能无意中将十进制数写成了八进制数，例如：

```
struct {
        int part_number;
        char *description;
}parttab[] = {
        046,  "left-handed widget"     ,
        047,  "right-handed widget"    ,
        125,   "frammis"
};
```

1.5　字符与字符串

C 语言中的单引号和双引号含义迥异，在某些情况下如果把两者弄混，编译器并不会检测报错，从而在运行时产生难以预料的结果。

用单引号引起的一个字符实际上代表一个整数，整数值对应于该字符在编译器采用的字符集中的序列值。因此，对于采用 ASCII 字符集的编译器而言，'a'的含义与 0141（八进制）或者 97（十进制）严格一致。

用双引号引起的字符串，代表的却是一个指向无名数组起始字符的指针，该数组被双引号之间的字符以及一个额外的二进制值为零的字符'\0'初始化。

下面的这个语句：

```
printf ("Hello world\n");
```

与

```
char hello[] = {'H', 'e', 'l', 'l', 'o', ' ',
          'w', 'o', 'r', 'l', 'd', '\n', 0};
```

```
printf (hello);
```

是等效的。

因为用单引号括起的一个字符代表一个整数，而用双引号括起的一个字符代表一个指针，如果两者混用，那么编译器的类型检查功能将会检测到错误。例如：

```
char *slash = '/';
```

在编译时将会生成一条错误消息，因为'/'并不是一个字符指针。然而，某些 C 编译器对函数参数并不进行类型检查，特别是 printf 函数的参数。因此，如果用

```
printf('\n');
```

来代替正确的

```
printf("\n");
```

则会在程序运行的时候产生难以预料的错误，而不会给出编译器诊断信息。4.4 节还详细讨论了其他情形。

> 译注：现在的编译器一般能够检测到在函数调用时混用单引号和双引号的情形。

整型数（一般为 16 位或 32 位）的存储空间可以容纳多个字符（一般为 8 位），因此有的 C 编译器允许在一个字符常量（以及字符串常量）中包括多个字符。也就是说，用'yes'代替"yes"不会被该编译器检测到。后者（即"yes"）的含义是“依次包含'y'、'e'、's'以及空字符'\0'的 4 个连续内存单元的首地址”。前者（即'yes'）的含义并没有准确地进行定义，但大多数 C 编译器理解为，“一个整数值，由'y'、'e'、's'所代表的整数值按照特定编译器实现中定义的方式组合得到”。因此，这两者如果在数值上有什么相似之处，也完全是一种巧合而已。

> 译注：在 Borland C++ v5.5 和 LCC v3.6 中采取的做法是，忽略多余的字符，最后的整数值即第一个字符的整数值；而在 Visual C++ 6.0 和 GCC v2.95 中采取的做法是，依次用后一个字符覆盖前一个字符，最后得到的整数值即最后一个字符的整数值。

练习 1-1 某些 C 编译器允许嵌套注释。请写一个测试程序，要求无论是对允许嵌套注释的编译器，还是对不允许嵌套注释的编译器，该程序都能正常通过

编译（无错误消息出现），但是这两种情况下程序执行的结果却不相同。

提示：在用双引号括起的字符串中，注释符 /* 属于字符串的一部分，而在注释中出现的双引号" "又属于注释的一部分。

练习 1-2 如果由你来实现一个 C 编译器，你是否会允许嵌套注释？如果你使用的 C 编译器允许嵌套注释，你会用到编译器的这一特性吗？你对第二个问题的回答是否会影响到你对第一个问题的回答？

练习 1-3 为什么 n-->0 的含义是 n-- > 0，而不是 n- -> 0？

练习 1-4 a+++++b 的含义是什么？

第2章 语法“陷阱”

要理解一个C程序，仅仅理解组成该程序的符号是不够的。程序员还必须理解这些符号是如何组合成声明、表达式、语句和程序的。虽然这些组合方式的定义都很完备，几乎无懈可击，但有时这些定义与人们的直觉相悖，或者容易引起混淆。本章将讨论一些用法和意义与我们想当然的认识不一致的语法结构。

2.1 理解函数声明

有一次，一位程序员与我交谈一个问题。他当时正在编写一个独立运行于某种微处理器上的C程序。当计算机启动时，硬件将调用首地址为0位置的子例程。

为了模拟开机启动时的情形，我们必须设计出一个C语句，以显式调用该子例程。经过一段时间的思考，我们最后得到的语句如下：

```
(*(void(*)())0)();
```

像这样的表达式恐怕会令每个C程序员都“不寒而栗”。不过，他们大可不必对此望而生畏，因为构造这类表达式其实只有一条简单的规则：按照使用的方式来声明。

任何C变量的声明都由两部分组成：类型以及一组类似表达式的声明符（declarator）。声明符从表面上看与表达式有些类似，对它求值应该返回一个声明中给定类型的结果。最简单的声明符就是单个变量，如：

```
float f, g;
```

这个声明的含义是：当对其求值时，表达式 f 和 g 的类型为浮点数类型（float）。因为声明符与表达式相似，所以我们也可以在声明符中任意使用括号：

```
float ((f));
```

这个声明的含义是：当对其求值时，((f))的类型为浮点类型，由此可以推知，f 也是浮点类型。

同样的逻辑也适用于函数和指针类型的声明，例如：

```
float ff();
```

这个声明的含义是：表达式 ff()的求值结果是一个浮点数，也就是说，ff 是一个返回值为浮点类型的函数。类似地，

```
float *pf;
```

这个声明的含义是：*pf 是一个浮点数，也就是说，pf 是一个指向浮点数的指针。

以上这些形式在声明中还可以组合起来，就像在表达式中进行组合一样。因此，

```
float *g(), (*h)();
```

表示*g()与(*h)()是浮点表达式。因为()结合优先级高于*，*g()也就是*(g())：g 是一个函数，该函数的返回值类型为指向浮点数的指针。同理，可以得出 h 是一个函数指针，h 所指向函数的返回值为浮点类型。

一旦我们知道了如何声明一个给定类型的变量，那么该类型的类型转换符就很容易得到了：只需要把声明中的变量名和声明末尾的分号去掉，再将剩余的部分用一个括号整个“封装”起来即可。例如，因为下面的声明：

```
float (*h)();
```

表示 h 是一个指向返回值为浮点类型的函数的指针，因此，

```
(float (*)())
```

表示一个“指向返回值为浮点类型的函数的指针”的类型转换符。

有了这些预备知识，我们现在可以分两步来分析表达式 (*(void(*)())0)()。

第一步，假定变量 fp 是一个函数指针，那么如何调用 fp 所指向的函数呢？调用方法如下：

```
(*fp)();
```

因为 fp 是一个函数指针，那么*fp 就是该指针所指向的函数，所以(*fp)()就是调用该函数的方式。ANSI C 标准允许程序员将上式简写为 fp()，但是一定要记住这种写法只是一种简写形式。

在表达式(*fp)()中，*fp 两侧的括号非常重要，因为函数运算符()的优先级高于单目运算符*。如果*fp 两侧没有括号，那么*fp()实际上与*(fp())的含义完全一致，ANSI C 把它作为*((*fp)())的简写形式。

现在，剩下的问题就只是找到一个恰当的表达式来替换 fp。我们将在分析的第二步来解决这个问题。如果 C 编译器能够理解我们大脑中对于类型的认识，那么我们可以这样写：

```
(*0)();
```

上式并不能生效，因为运算符*必须用一个指针来作为操作数。不仅如此，这个指针还应该是一个函数指针，这样经运算符*作用后的结果才能作为函数被调用。因此，在上式中必须对 0 作类型转换，转换后的类型可以大致描述为“指向返回值为 void 类型的函数的指针”。

如果 fp 是一个指向返回值为 void 类型的函数的指针，那么(*fp)()的值为 void，fp 的声明如下：

```
void (*fp)();
```

因此，我们可以用下式来调用存储位置为 0 的子例程：

```
void (*fp)();
(*fp)();
```

> 译注：此处作者假设 fp 默认初始化为 0，这种写法不宜提倡。

这种写法的代价是多声明了一个“哑”变量。

我们一旦知道如何声明一个变量，自然也就知道如何对一个常数进行类型转换，将其转型为该变量的类型：只需要在变量声明中将变量名去掉即可。因此，将常数 0 转型为"指向返回值为 void 的函数的指针"类型，可以这样写：

```
(void (*)())0
```

因此，我们可以用(void (*)())0 来替换 fp，从而得到：

```
(*(void (*)())0)();
```

末尾的分号使得表达式成为一个语句。

在我当初解决这个问题的时候，C 语言中还没有 typedef 声明。尽管不用 typedef 来解决这个问题对剖析本例的细节而言是一种很好的方式，但无疑使用 typedef 能够使表述更加清晰：

```
typedef void (*funcptr)();
(*(funcptr)0)();
```

这个棘手的例子并不是孤立的，还有一些 C 程序员经常遇到的问题，实际上和这个例子是同一个类型的。例如，考虑 signal 库函数，在包括该函数的 C 编译器实现中，signal 函数接受两个参数：一个是代表需要"被捕获"的特定 signal 的整数值；另一个是指向用户提供的函数的指针。该函数用于处理"捕获到"的特定 signal，返回值类型为 void。我们将会在 5.5 节详细讨论该函数。

一般情况下，程序员并不主动声明 signal 函数，而是直接使用系统头文件 signal.h 中的声明。那么，在头文件 signal.h 中，signal 函数是如何声明的呢？

首先，让我们从用户定义的信号处理函数开始考虑，这无疑是最容易解决的。该函数可以定义如下：

```
void sigfunc(int n){
            /* 特定信号处理部分*/
}
```

函数 sigfunc 的参数是一个代表特定信号的整数值，此处我们暂时忽略它。

上面假设的函数体定义了 sigfunc 函数，因而 sigfunc 函数的声明可以如下：

```
void sigfunc(int );
```

现在假定我们希望声明一个指向 sigfunc 函数的指针变量，不妨命名为 sfp。因为 sfp 指向 sigfunc 函数，则*sfp 就代表了 sigfunc 函数，所以*sfp 可以被调用。又假定 sig 是一个整数，则(*sfp)(sig)的值为 void 类型，因此我们可以如下声明 sfp：

```
void (*sfp)(int);
```

上式显示了如何声明 signal 函数。因为 signal 函数的返回值类型与 sfp 的返回类型一样，我们可以如下声明 signal 函数：

```
void (*signal(something))(int);
```

此处的 something 代表了 signal 函数的参数类型，我们还需要进一步了解如何声明它们。上面声明可以这样理解：传递适当的参数以调用 signal 函数，对 signal 函数返回值（为函数指针类型）解除引用（dereference），然后传递一个整型参数调用解除引用后所得函数，最后返回值为 void 类型。因此，signal 函数的返回值是一个指向返回值为 void 类型的函数的指针。

那么，signal 函数的参数又是如何呢？signal 函数接受两个参数：一个整型的信号编号，以及一个指向用户定义的信号处理函数的指针。我们此前已经定义了指向用户定义的信号处理函数的指针 sfp：

```
void (*sfp)(int);
```

sfp 的类型可以通过将上面声明中的 sfp 去掉而得到，即 void (*)(int)。此外，signal 函数的返回值是一个指向调用前的用户定义信号处理函数的指针，这个指针的类型与 sfp 指针类型一致。因此，我们可以如下声明 signal 函数：

```
void (*signal(int, void(*)(int)))(int);
```

同样地，使用 typedef 可以简化上面的函数声明：

```
typedef void (*HANDLER)(int);

HANDLER signal(int, HANDLER);
```

2.2 运算符的优先级问题

假设存在一个已定义的常量 FLAG，它是一个整数，且该整数值的二进制表示中只有某一位是 1，其余各位均为 0，亦即该整数是 2 的某次幂。如果对于整型变量 flags，我们需要判断它在常量 FLAG 为 1 的那一位上是否同样也为 1，通常可以这样写：

```
if (flags & FLAG) …
```

上式的含义对大多数 C 程序员来说是显而易见的：if 语句判断括号内表达式的值是否为 0。考虑到可读性，如果对表达式的值是否为 0 的判断能够显式地加以说明，无疑使得代码自身就起到了注释该段代码意图的作用，其写法如下：

```
if (flags & FLAG != 0) …
```

这个语句现在虽然更好懂了，但却是一个错误的语句。因为!=运算符的优先级要高于&运算符，所以上式实际上被解释为：

```
if (flags & (FLAG != 0) ) …
```

因此，除了 FLAG 恰好为 1 的情形，FLAG 为其他数时这个表达式都是错误的。

又假设 hi 和 low 是两个整数，它们的值介于 0 和 15 之间，如果 r 是一个 8 位整数，且 r 的低 4 位与 low 各位上的数一致，而 r 的高 4 位与 hi 各位上的数一致，很自然会想到要这样写：

```
r = hi<<4 + low;
```

但是很不幸，这样写是错误的。加法运算的优先级要比移位运算的优先级高，因此本例实际上相当于：

```
r = hi<< (4 + low);
```

对于这种情况，有两种更正方法：第一种方法是加括号；第二种方法意识到问题出在程序员混淆了算术运算与逻辑运算，于是将原来的加号改为按位逻辑或，但这种方法牵涉到的移位运算与逻辑运算的相对优先级就更加不是那么明显。两种方法如下：

```
r = （hi<<4） + low;      //法 1：加括号
r = hi<<4 | low;          //法 2：将原来的加号改为按位逻辑或
```

用添加括号的方法虽然可以完全避免这类问题，但是表达式中有了太多的括号反而不容易理解。因此，记住 C 语言中运算符的优先级是有益的。

遗憾的是，运算符优先级有 15 个之多，因此记住它们并不是一件容易的事。

完整的 C 语言运算符优先级表如表 2-1 所示。

表 2-1　　C 语言运算符优先级表（由上至下，优先级依次递减）

<table>
<tr><th>运 算 符</th><th>结 合 性</th></tr>
<tr><td>() [] -> .</td><td>自左向右</td></tr>
<tr><td>! ~ ++ -- - (type) * & sizeof</td><td>自右向左</td></tr>
<tr><td>* / %</td><td>自左向右</td></tr>
<tr><td>+ -</td><td>自左向右</td></tr>
<tr><td><< >></td><td>自左向右</td></tr>
<tr><td>< <= > >=</td><td>自左向右</td></tr>
<tr><td>== !=</td><td>自左向右</td></tr>
<tr><td>&</td><td>自左向右</td></tr>
<tr><td>^</td><td>自左向右</td></tr>
<tr><td>|</td><td>自左向右</td></tr>
<tr><td>&&</td><td>自左向右</td></tr>
<tr><td>||</td><td>自左向右</td></tr>
<tr><td>?:</td><td>自右向左</td></tr>
<tr><td>assignments</td><td>自右向左</td></tr>
<tr><td>,</td><td>自左向右</td></tr>
</table>

如果把这些运算符恰当分组，并且理解了各组运算符之间的相对优先级，那么这张表其实不难记住。

优先级最高者其实并不是真正意义上的运算符，包括数组下标、函数调用操作符各结构成员选择操作符。它们都是自左向右结合，因此 a.b.c 的含义是(a.b).c，而不是 a.(b.c)。

单目运算符的优先级仅次于前述运算符。在所有真正意义上的运算符中，它们的优先级最高。因为函数调用的优先级要高于单目运算符的优先级，所以如果 p 是一个函数指针，要调用 p 所指向的函数，必须这样写：(*p)()。如果写成*p()，编译器会解释成*(p())。类型转换也是单目运算符，它的优先级和其他单目运算符的优先级一样。单目运算符是自右向左结合，因此*p++会被编译器解释成*(p++)，即取指针 p 所指向的对象，然后将 p 递增 1；而不是(*p)++，即取指针 p 所指向的对象，然后将该对象递增 1。3.7 节还进一步指出 p++的含义有时会出人意料。

优先级比单目运算符要低的，接下来就是双目运算符。在双目运算符中，算术运算符的优先级最高，移位运算符次之，关系运算符再次之，接着是逻辑运算符、赋值运算符，最后是条件运算符。

> 译注：原书如此，条件运算符实际应为三目运算符。

我们需要记住的最重要的两点是：

1．任何一个逻辑运算符的优先级低于任何一个关系运算符；

2．移位运算符的优先级比算术运算符要低，但是比关系运算符要高。

属于同一类型的各个运算符之间的相对优先级，理解起来一般没有什么困难。乘法、除法和求余优先级相同，加法、减法的优先级相同，两个移位运算符的优先级也相同。1/2*a 的含义是(1/2)*a，而不是 1/(2*a)，这一点也许会让某些人吃惊，其实在这方面 C 语言与 Fortran 语言、Pascal 语言以及其他程序设计语言之间的行为表现并无差别。

但是，6 个关系运算符的优先级并不相同，这一点或许让人感到有些吃惊。运算符==和!=的优先级要低于其他关系运算符的优先级。因此，如果我们要比较 a 与 b 的相对大小顺序是否和 c 与 d 的相对大小顺序一样，就可以这样写：

```
a < b == c < d
```

任何两个逻辑运算符都具有不同的优先级。所有的按位运算符优先级要比顺序运算符的优先级高，每个“与”运算符要比相应的“或”运算符优先级高，而按位异或运算符（^运算符）的优先级介于按位与运算符和按位或运算符之间。

这些运算符的优先顺序是由于历史原因形成的。B 语言是 C 语言的“祖先”，B 语言中的逻辑运算符大致相当于 C 语言中的&和 | 运算符。虽然这些运算符从定义上而言是按位操作的，但是当它们出现在条件语句的上下文中时，B 语言的编译器会将它们作为相当于现在 C 语言中的&&和 || 运算符来处理。而到了 C 语言中，这两种不同的用法被区分开来，从兼容性的角度来考虑，如果对它们优先顺序的改变过大，将是一件危险的事。

在本节到现在为止提及的所有运算符中，三目条件运算符的优先级最低。这就允许我们在三目条件运算符的条件表达式中包括关系运算符的逻辑组合，例如：

```
tax_rate = income>40000 && residency<5 ? 3.5: 2.0;
```

本例其实还说明了赋值运算符的优先级低于条件运算符的优先级是有意义的。此外，所有赋值运算符的优先级是一样的，而且它们的结合方式是自右向左，因此，

```
home_score = visitor_score = 0;
```

与下面两条语句所表达的意思是相同的：

```
visitor_score = 0;
home_score = visitor_score;
```

在所有的运算符中，逗号运算符的优先级最低。这一点很容易记住，因为在需要一个表达式而不是一条语句时，经常使用逗号运算符来替换作为语句结束标志的分号。逗号运算符在宏定义中特别有用，这一点在 6.3 节还会进一步讨论。

在涉及赋值运算符时，经常会引起优先级的混淆。考虑下面这个例子，例子中循环语句的本意是复制一个文件到另一个文件：

```
while (c=getc(in) != EOF)
        putc(c,out);
```

在 while 语句的表达式中，c 似乎是首先被赋予函数 getc(in)的返回值，然后与 EOF 比较是否到达文件结尾以便决定是否终止循环。然而，由于赋值运算符的优先级要低于任何一个比较运算符，因此 c 的值实际上是函数 getc(in)的返回值与 EOF 比较的结果。此处函数 getc(in)的返回值只是一个临时变量，在与 EOF 比较后就被“丢弃”了。因此，最后得到的文件“副本”中只包括了一组二进制值为 1 的字节流。

上例实际应该写成：

```
while ((c=getc(in)) != EOF)
        putc(c,out);
```

如果表达式再复杂一点，这类错误就很难被察觉。例如，第 4 章章首提及的 lint 程序的一个版本，在发布时包括了下面一行错误代码：

```
if( (t=BTYPE(pt1->aty)==STRTY) || t==UNIONTY){
```

这行代码本意是首先赋值给 t，然后判断 t 是否等于 STRTY 或者 UNIONTY。

实际的结果却大相径庭：根据 BTYPE(pt1->aty)的值是否等于 STRTY，t 的取值或者为 1 或者为 0；如果 t 取值为 0，还将进一步与 UNIONTY 比较。

2.3　注意作为语句结束标志的分号

在 C 程序中，如果不小心多写了一个分号，可能不会造成什么不良后果：这个分号也许会被视作一个不会产生任何实际效果的空语句；或者编译器会因为这个多余的分号而产生一条警告信息，根据警告信息的提示能够很容易去掉这个分号。一种重要的例外情形是在 if 或者 while 语句之后需要紧跟一条语句时，如果此时多了一个分号，那么原来紧跟在 if 或者 while 子句之后的语句就是一条单独的语句，与条件判断部分没有了任何关系。考虑下面的这个例子：

```
if (x[i] > big);
    big = x[i];
```

编译器会正常地接受第一行代码中的分号而不会提示任何警告信息，因此编译器对这段程序代码的处理与对下面这段代码的处理就大不相同：

```
if (x[i] > big)
    big = x[i];
```

前面第一个例子（即在 if 后多加了一个分号的例子）实际上相当于

```
if (x[i] > big) { }
    big = x[i];
```

当然，也就等同于（除非 x、i 或者 big 是有副作用的宏）

```
big = x[i];
```

如果不是多写了一个分号，而是遗漏了一个分号，同样会招致麻烦，例如：

```
if (n<3)
      return
logrec.date = x[0];
logrec.time = x[1];
logrec.code = x[2];
```

此处的 return 语句后面遗漏了一个分号，然而这段程序代码仍然会顺利通过

编译而不会报错，只是将语句

```
logrec.date = x[0];
```

当作了 return 语句的操作数。上面这段程序代码实际上相当于：

```
if (n<3)
        return  logrec.date = x[0];
logrec.time = x[1];
logrec.code = x[2];
```

如果这段代码所在的函数声明其返回值为 void，编译器会因为实际返回值的类型与声明返回值的类型不一致而报错。然而，如果一个函数不需要返回值（即返回值为 void），我们通常会在函数声明时省略返回值类型，但是此时对编译器而言会隐含地将函数返回值类型视作 int 类型。如果是这样，上面的错误就不会被编译器检测到。在上面的例子中，当 n>=3 时，第一个赋值语句会被直接跳过，由此造成的错误可能会是一个潜伏很深、极难发现的程序 Bug。

当一个声明的结尾紧跟一个函数定义时，有分号与没分号的实际效果相差极为不同。如果声明结尾的分号被省略，编译器可能会把声明的类型视作函数的返回值类型。考虑下面的例子：

```
struct logrec{
          int date;
          int time;
          int code;
}
main()
{
    ...
}
```

在第一个}与紧随其后的函数 main 定义之间，遗漏了一个分号。因此，上面代码段的实际效果是声明函数 main 的返回值是 struct logrec 类型。写成下面这样，会看得更清楚：

```
struct logrec{
        int date;
        int time;
```

```
        int code;
}

main()
{
        ...
}
```

如果分号没有被省略，函数 main 的返回值类型会缺省定义为 int 类型。

在函数 main 中，如果本应返回一个 int 类型数值，却声明返回一个 struct logrec 类型的结构，会产生怎样的效果呢？我们把它留作本章结尾的一个练习。虽然刻意地往消极面去联想也许有些“病态”，但对于要考虑到各种意外情形的程序设计来说（比如航空航天或医疗仪器的控制程序），却是不无裨益的。

2.4 switch 语句

C 语言的 switch 语句的控制流程能够依次通过并执行各个 case 部分，这一点是 C 语言的与众不同之处。考虑下面的例子，两段程序代码分别用 C 语言和 Pascal 语言编写：

```
switch(color){
case 1: printf("red");
        break;
case 2: printf("yellow");
        break;
case 3: printf("blue");
        break;
}
```

```
case color of
1:      write('red');
2:      write('yellow');
3:      write('blue');
end
```

两段程序代码要完成的是同样的任务：根据变量 color 的值（1、2 或 3），分别打印出 red、yellow 或 blue。两段程序代码非常相似，只有一种例外情形：那就是用 Pascal 语言编写的程序段中每个 case 部分并没有与 C 语言的 break 语句对应的部分。之所以会这样，是因为 C 语言中把 case 标号当作真正意义上的标号，因此程序的控制流程会径直通过 case 标号，而不会受到任何影响。而在 Pascal 语言中，每个 case 标号都隐含地结束了前一个 case 部分。

让我们从另一个角度来看待这个问题，假设对前面用 C 语言编写的程序代码段稍作改动，使其在形式上与用 Pascal 语言编写的代码段类似：

```
switch (color) {
case 1:printf("red");
case 2:printf("yellow");
case 3:printf("blue");
}
```

又进一步假定变量 color 的值为 2。最后，程序将会打印出

```
yellowblue
```

因为程序的控制流程在执行了第二个 printf 函数的调用之后，会自然而然地顺序执行下去，所以第三个 printf 函数调用也会被执行。

C 语言中 switch 语句的这种特性，既是它的优势所在，也是它的一大弱点。说它是一大弱点，是因为程序员很容易遗漏各个 case 部分的 break 语句，造成一些难以理解的程序行为。说它是优势所在，是因为如果程序员有意略去一个 break 语句，则可以表达出一些采用其他方式很难方便地加以实现的程序控制结构。特别是对于一些大的 switch 语句，我们常常会发现各个分支的处理大同小异：对某个分支情况的处理只要稍作改动，剩余部分就完全等同于另一个分支情况下的处理。

例如，考虑这样一个程序，它是某种假想的计算机的解释器（相当于虚拟机）。这个程序中有一个 switch 语句，用来处理每个不同的操作码。在这种假想的计算机上，只要将第二个操作数的正负号反号后，减法运算和加法运算的处理本质上就是一样的。因此，如果我们可以像下面这样写代码，无疑会大大方便程序的处理：

```
case SUBTRACT:
        opnd2 = -opnd2;
```

```
        /* 此处没有break语句 */
case ADD:
        ...
```

当然，像上面的例子那样添加适当的程序注释是一种不错的做法。如果其他人阅读到这段代码，就能够了解到此处是有意省去了一个 break 语句。

再看另一个例子。考虑这样一段代码，它的作用是一个编译器在查找符号时跳过程序中的空白字符。这里，空格键、制表符和换行符的处理都是相同的，不过在遇到换行符时，程序的代码行计数器需要进行递增：

```
case '\n':
        linecount++;
        /* 此处没有break语句 */
case '\t':
case ' ':
        ...
```

2.5　函数调用

与其他程序设计语言不同，C 语言要求：在函数调用时，即使函数不带参数，也应该包括参数列表。因此，如果 f 是一个函数，那么

```
f();
```

是一个函数调用语句，而

```
f;
```

却是一个什么也不做的语句。更精确地说，这个语句计算函数 f 的地址，却并不调用该函数。

2.6　“悬挂”else 引发的问题

这个问题虽然已经为人熟知，而且也并非 C 语言所独有，但即使是有多年经

验的 C 程序员，也常常在此出现失误。

考虑下面的程序片段：

```
if (x == 0)
        if (y == 0) error();
else{
        z = x + y;
        f(&z);
}
```

在这段代码中，编程人员的本意是应该有两种主要情况：x 等于 0 以及 x 不等于 0。对于 x 等于 0 的情形，除非 y 也等于 0（此时调用函数 error ），否则程序不作任何处理；对于 x 不等于 0 的情形，程序首先将 x 与 y 之和赋值给 z，然后以 z 的地址为参数来调用函数 f。

然而，这段代码实际上所做的却与编程者的意图相去甚远。原因在于 C 语言中有这样的规则，即 else 始终与同一对括号内最近的未匹配的 if 结合。如果我们按照上面这段程序实际上被执行的逻辑来调整代码缩进，大致是这个样子：

```
if (x == 0) {
        if (y == 0)
                error();
        else {
                z = x + y;
                f(&z);
}
}
```

也就是说，如果 x 不等于 0，程序将不会做任何处理。如果要得到原来的例子中由代码缩进体现的编程者本意的结果，应该这样写：

```
if (x == 0) {
        if (y == 0)
                error();
} else {
```

```
        z = x + y;
        f(&z);
    }
```

现在，else 与第一个 if 结合，即使它离第二个 if 更近也是如此，因为此时第二个 if 已经被括号“封装”起来了。

有的程序设计语言在 if 语句中使用收尾定界符来显式地说明。例如，在 Algol 68 语言中，前面提到的例子可以这样写：

```
if x = 0
then    if   y = 0
        then error
        fi
else    z := x + y;
        f(z)
fi
```

像上面这样强制使用收尾定界符完全避免了“悬挂”else 的问题，付出的代价则是程序稍稍变长了一点。有些 C 程序员通过使用宏定义也能达到类似的效果：

```
#define IF      {if(
#define THEN    ) {
#define ELSE    } else {
#define FI      }}
```

这样，上例中的 C 程序就可以写成：

```
IF x == 0
THEN   IF  y == 0
       THEN  error();
       FI
ELSE    z = x + y;
f(&z);
FI
```

如果一个 C 程序员过去不是长期浸淫于 Algol 68 语言，就会发现上面这段代码难于卒读。这样一种解决方案所带来的问题可能比它所解决的问题还要更糟糕。

练习 2-1 C 语言允许初始化列表中出现多余的逗号，例如：

```
int  days[] = { 31, 28, 31, 30, 31, 30,
                31, 31, 30, 31, 30, 31,};
```

为什么这种特性是有用的？

练习 2-2 2.3 节指出了在 C 语言中以分号作为语句结束的标志所带来的一些问题。虽然我们现在考虑改变 C 语言的这个规定已经太迟，但是设想一下是否还有其他办法来分隔语句却是一件饶有趣味的事情。其他语言中是如何分隔语句的呢？这些方法是否也存在它们固有的缺陷呢？

第3章 语义“陷阱”

在一个句子，哪怕其中的每个单词都拼写正确，而且语法也无懈可击，仍然可能有歧义或者并非书写者希望表达的意思。程序也有可能表面看上去是一个意思，而实际上的意思却相去甚远。本章考察了若干种可能引起上述歧义的程序书写方式。

本章还讨论了这样的情形：如果只是肤浅地考察，一切都“显得”合情合理，而事实上这种情况在所有 C 语言实现中给出的结果都是未定义的。在某些 C 语言实现中能够正常工作，而在另一些 C 语言实现中又不能工作的这种情形，属于可移植性方面的问题（相关内容参见第 7 章）。

3.1 指针与数组

在 C 语言中，指针与数组这两个概念之间的联系是如此密不可分，以致于如果不能理解一个概念，就无法彻底理解另一个概念。除此之外，C 语言对这些概念的处理，在某些方面与其他任何为人熟知的程序语言都有所不同。

C 语言中的数组值得注意的地方有以下两点。

1. C 语言中只有一维数组，而且数组的大小必须在编译期就作为一个常数确定下来。不过，C 语言中数组的元素可以是任何类型的对象，当然也可以是另外一个数组。这样，要“仿真”出一个多维数组就不是一件难事。

> 译注：C99 标准允许变长数组（VLA）。GCC 编译器中实现了变长数组，但细节与 C99 标准不完全一致。感兴趣的读者可参看 ISO/IEC 9899:1999 标准 6.7.5.2 节，以及 Dennis M. Ritchie 的 *Variable-Size Arrays in C*。

2. 对于一个数组，我们只能做两件事：确定该数组的大小以及获得指向该数组下标为 0 的元素的指针。其他有关数组的操作，哪怕它们乍看上去是以数组下标进行运算的，实际上都是通过指针进行的。换句话说，任何一个数组下标运算都等同于一个对应的指针运算，因此我们完全可以依据指针行为定义数组下标的行为。

一旦我们彻底弄懂了这两点以及它们所隐含的意思，那么理解 C 语言的数组运算就不过是“小菜一碟”。如果不清楚上述两点内容，那么 C 语言中的数组运算就可能会给编程人员带来许多困惑。需要特别指出的是，编程人员应该具备将数组运算与它们对应的指针运算融汇贯通的能力，在思考有关问题时大脑中对这两种运算能够自如切换、毫无滞碍。许多程序设计语言中都内建有索引运算，在 C 语言中，索引运算是以指针算术的形式来定义的。

要理解 C 语言中数组的运作机制，我们首先必须理解如何声明一个数组，例如：

```
int a[3];
```

这个语句声明了 a 是一个拥有 3 个整型元素的数组。类似地，

```
struct {
      int  p[4];
      double  x;
}b[17];
```

声明了 b 是一个拥有 17 个元素的数组，其中每个元素都是一个结构，该结构包括了一个拥有 4 个整型元素的数组（命名为 p）和一个双精度类型的变量（命名为 x）。

现在考虑下面的例子，

```
int calendar[12][31];
```

这个语句声明 calendar 是一个数组，该数组拥有 12 个数组类型的元素，其中每个元素都是一个拥有 31 个整型元素的数组（而不是一个拥有 31 个数组类型的元素

的数组，其中每个元素又是一个拥有 12 个整型元素的数组）。因此，sizeof(calendar)的值是 372（31×12）与 sizeof(int)的乘积。

如果 calendar 不是用于 sizeof 的操作数，而是用于其他场合，那么 calendar 总是被转换成一个指向 calendar 数组的起始元素的指针。要理解上面这句话的含义，我们首先必须理解有关指针的一些细节。

任何指针都是指向某种类型的变量。例如，如果有这样的语句：

```
int *ip;
```

就表明 ip 是一个指向整型变量的指针。再如，如果声明

```
int i;
```

那么我们可以将整型变量 *i* 的地址赋给指针 ip，就像下面这样：

```
ip = &i;
```

而且，如果我们给*ip 赋值，就能够改变 i 的取值：

```
*ip = 17;
```

如果一个指针指向的是数组中的一个元素，那么我们只要给这个指针加 1，就能够得到指向该数组中下一个元素的指针。同样地，如果我们给这个指针减 1，得到的就是指向该数组中前一个元素的指针。对于除 1 之外其他整数的情形，以此类推。

上面这段讨论暗示了这样一个事实：给一个指针加上一个整数，与给该指针的二进制表示加上同样的整数，两者的含义截然不同。如果 ip 指向一个整数，那么 ip+1 指向的是计算机内存中的下一个整数，在大多数现代计算机中，它都不同于 ip 所指向地址的下一个内存位置。

如果两个指针指向的是同一个数组中的元素，我们可以把这两个指针相减。这样做是有意义的，例如：

```
int *q = p + i;
```

那么我们可以通过 q – p 而得到 i 的值。值得注意的是，如果 p 与 q 指向的不是同一个数组中的元素，即使它们所指向的地址在内存中的位置正好间隔一个数组元素的整数倍，所得的结果仍然是无法保证其正确性的。

本节前面已经声明了 a 是一个拥有 3 个整型元素的数组。如果我们在应该出现指针的地方，却采用了数组名来替换，那么数组名就被当作指向该数组下标为 0 的元素的指针。因此如果我们这样写：

```
p = a;
```

就会把数组 a 中下标为 0 的元素的地址赋值给 p。注意，这里我们并没有写成：

```
p = &a;
```

这种写法在 ANSI C 中是非法的，因为&a 是一个指向数组的指针，而 p 是一个指向整型变量的指针，它们的类型不匹配。大多数早期版本的 C 语言实现中，并没有所谓“数组的地址”这一概念，因此&a 要么被视为非法，要么就等于 a。

继续我们的讨论。现在 p 指向数组 a 中下标为 0 的元素，p+1 指向数组 a 中下标为 1 的元素，p+2 指向数组 a 中下标为 2 的元素，以此类推。如果希望 p 指向数组 a 中下标为 1 的元素，可以这样写：

```
p = p + 1;
```

当然，该语句完全等同于下面的写法：

```
p++;
```

除了 a 被用作运算符 sizeof 的参数这一情形，在其他所有情形中数组名 a 都代表指向数组 a 中下标为 0 的元素的指针。正如我们合乎情理的期待，sizeof(a)的结果是整个数组 a 的大小，而不是指向数组 a 的元素的指针的大小。

从上面的讨论中我们不难得出一个推论：*a 即数组 a 中下标为 0 的元素的引用。例如，我们可以这样写：

```
*a = 84;
```

这个语句将数组 a 中下标为 0 的元素的值设置为 84。同样道理，*(a+1)是数组 a 中下标为 1 的元素的引用，以此类推。概而言之，*(a+i)即数组 a 中下标为 i 的元素的引用；这种写法是如此常用，因此被简记为 a[i]。

正是这一概念让许多 C 语言新手难于理解。实际上，由于 a+i 与 i+a 的含义一样，因此 a[i]与 i[a]也具有同样的含义。也许某些汇编语言程序员会发现后一种写法很熟悉，但我们绝对不推荐这种写法。

现在我们可以考虑“二维数组”了，正如前面所讨论的，它实际上是以数组为元素的数组。尽管我们也可以完全依据指针编写操纵一维数组的程序，而且这样做在一维情形下并不困难，但是对于二维数组，从记法上的便利性来说，采用下标形式就几乎是不可替代的了。还有，如果我们仅仅使用指针来操纵二维数组，将不得不与 C 语言中最为“晦暗不明”的部分打交道，并常常遭遇潜伏着的编译器 bug。

让我们回过头来再看前面的几个声明：

```
int calendar[12][31];
int *p;
int i;
```

然后，考一考自己，calendar[4]的含义是什么？

因为 calendar 是一个有着 12 个数组类型元素的数组，它的每个数组类型元素又是一个有着 31 个整型元素的数组，所以 calendar[4]是 calendar 数组的第 5 个元素，是 calendar 数组中 12 个有着 31 个整型元素的数组之一。因此，calendar[4]的行为也就表现为一个有着 31 个整型元素的数组的行为。例如，sizeof(calendar[4])的结果是 31 与 sizeof(int)的乘积。又如，

```
p = calendar[4];
```

这个语句使指针 p 指向了数组 calendar[4]中下标为 0 的元素。

如果 calendar[4]是一个数组，我们当然可以通过下标的形式来指定这个数组中的元素，就像下面这样：

```
i = calendar[4][7];
```

我们也确实可以这样做。还是与前面类似的道理，这个语句可以写成下面这样而表达的意思保持不变：

```
i = *(calendar[4]+7);
```

这个语句还可以进一步写成：

```
i = *(*(calendar+4)+7);
```

从这里我们不难发现，用带方括号的下标形式明显要比完全用指针来表达简便得多。

下面我们再看：

```
p = calendar;
```

这个语句是非法的。因为 calendar 是一个二维数组，即“数组的数组”，在此处的上下文中使用 calendar 名称会将其转换为一个指向数组的指针；而 p 是一个指向整型变量的指针，这个语句试图将一种类型的指针赋值给另一种类型的指针，所以是非法的。

很显然，我们需要一种方法来声明指向数组的指针。经过了第 2 章对类似问题不厌其烦的讨论，构造出下面的语句应该不需要费多大力气：

```
int (*ap)[31];
```

这个语句实际的效果是，声明*ap 是一个拥有 31 个整型元素的数组，因此 ap 就是一个指向这样的数组的指针。因而，我们可以这样写：

```
int calendar[12][31];
int (*monthp)[31];
monthp = calendar;
```

这样，monthp 将指向数组 calendar 的第 1 个元素，也就是数组 calendar 的 12 个有着 31 个元素的数组类型元素之一。

假定在新的一年开始时，我们需要清空 calendar 数组，用下标形式可以很容易做到：

```
int month;
for (month=0; month<12; month++) {
        int day;
        for (day = 0; day < 31; day++)
                calendar[month][day] = 0;
}
```

上面的代码段如果采用指针应该如何表示呢？我们可以很容易地把

```
calendar[month][day] = 0;
```

表示为

```
*(*(calendar + month) + day) = 0;
```

但是真正有关的部分是哪些呢？

如果指针 monthp 指向一个拥有 31 个整型元素的数组，而 calendar 的元素也是一个拥有 31 个整型元素的数组，因此就像在其他情况中我们可以使用一个指针遍历一个数组一样，这里同样可以使用指针 monthp 以步进的方式遍历数组 calendar：

```
int (*monthp)[31];
for (monthp = calendar; monthp < &calendar[12]; monthp++)
        /*处理一个月份的情况*/
```

同样地，我们可以像处理其他数组一样，处理指针 monthp 所指向的数组的元素：

```
int (*monthp)[31];
for (monthp = calendar; monthp < &calendar[12]; monthp++){
        int *dayp;
        for(dayp = *monthp; dayp<&(*monthp)[31]; dayp++)
                *dayp = 0;
}
```

到目前为止，我们一路行来几乎是“如履薄冰”，而且已经走得太远，在我们摔跟头之前，最好趁早悬崖勒马。尽管本节最后一个例子是合法的 ANSI C 程序，但是作者还没有找到一个能够让该程序顺利通过编译的编译器（现在大多数的 C 编译器能够接受上面例子中的代码）。上面例子的讨论虽然有些偏离本书的主题，但是这个例子能够很好地揭示出 C 语言中数组与指针之间的独特关系，从而更清楚明白地阐述这两个概念。

3.2 非数组的指针

在 C 语言中，字符串常量代表了一块包括字符串中所有字符以及一个空字符（'\0'）的内存区域的地址。因为 C 语言要求字符串常量以空字符作为结束标志，对于其他字符串，C 程序员通常也沿用了这一惯例。

假定有两个这样的字符串 s 和 t，我们希望将这两个字符串连接成单个字符串

r。要做到这一点，我们可以借助常用的库函数 strcpy 和 strcat。下面的方法似乎一目了然，可是却不能满足我们的目标：

```
char *r;
strcpy(r, s);
strcat(r, t);
```

之所以不行，是因为不能确定 r 指向何处。我们还应该看到，不仅要让 r 指向一个地址，而且 r 所指向的地址处还应该有内存空间可供容纳字符串，这个内存空间应该是以某种方式已经被分配了的。

我们再试一次，记住给 r 分配一定的内存空间：

```
char r[100];
strcpy(r, s);
strcat(r, t);
```

只要 s 和 t 指向的字符串并不是太大，那么现在我们所用的方法就能够正常工作。不幸的是，C 语言强制要求我们必须声明数组大小为一个常量，因此我们不敢确保 r 足够大。然而，大多数 C 语言实现为我们提供了一个库函数 malloc，该函数接受一个整数，然后分配能够容纳同样数目的字符的一块内存。大多数 C 语言实现还提供了一个库函数 strlen，该函数返回一个字符串中所包括的字符数。有了这两个库函数，似乎我们就能够像下面这样操作了：

```
char *r, *malloc( );
r = malloc(strlen(s) + strlen(t));
strcpy(r, s);
strcat(r, t);
```

这个例子还是错的，原因归纳起来有三个。

第一个原因，malloc 函数有可能无法提供请求的内存，这种情况下 malloc 函数会通过返回一个空指针来作为“内存分配失败”事件的信号。

第二个原因，给 r 分配的内存在使用完之后应该及时释放，这一点务必要记住。因为在前面的程序例子中 r 是作为一个局部变量声明的，所以当离开 r 作用域时，r 自动被释放了。修订后的程序显式地给 r 分配了内存，为此就必须显式地释放内存。

第三个原因，也是最重要的原因，就是前面的例程在调用 malloc 函数时并未分配足够的内存。我们再回忆一下字符串以空字符作为结束标志的惯例。库函数 strlen 返回参数中字符串所包括的字符数目，而作为结束标志的空字符并未计算在内。因此，如果 strlen(s)的值是 n，那么字符串实际需要 n+1 个字符的空间。所以，我们必须为 r 多分配一个字符的空间。做到了这些，并且注意检查了函数 malloc 是否调用成功，我们就能得到正确的结果：

```
char *r, *malloc( );
r = malloc(strlen(s) + strlen(t) + 1);
if(!r) {
        complain();
      exit(1);
}
strcpy(r, s);
strcat(r, t);

/* 一段时间之后再使用 */
free(r);
```

3.3 作为参数的数组声明

在 C 语言中，我们无法将一个数组作为函数参数直接传递。如果我们将数组名作为参数，那么数组名会立刻被转换为指向该数组第 1 个元素的指针。例如，下面的语句：

```
char hello[] = "hello";
```

声明了 hello 是一个字符数组。如果将该数组作为参数传递给一个函数：

```
printf("%s\n", hello);
```

实际上与将该数组第 1 个元素的地址作为参数传递给函数的作用完全等效，即：

```
printf("%s\n", &hello[0]);
```

因此，将数组作为函数参数毫无意义。所以，C 语言中会自动地将作为参数的数组声明转换为相应的指针声明。也就是说，像这样的写法：

```
int strlen(char s[])
{
/* 具体内容 */
}
```

与下面的写法完全相同：

```
int strlen(char* s)
{
        /* 具体内容 */
}
```

C 程序员经常错误地假设，在其他情形下也会有这种自动转换。4.5 节详细地讨论了一个具体的例子，程序员经常在此处遇到麻烦：

```
extern char *hello;
```

这个语句与下面的语句有着天渊之别：

```
extern char hello[];
```

如果一个指针参数并不实际代表一个数组，即使从技术上而言是正确的，采用数组形式的记法也经常会起到误导作用。如果一个指针参数代表一个数组，情况又是如何呢？一个常见的例子就是函数 main 的第二个参数：

```
main(int argc, char* argv[])
{
/* 具体内容 */
}
```

这种写法与下面的写法完全等价：

```
main(int argc, char** argv)
{
/* 具体内容 */
}
```

需要注意的是，前一种写法强调的重点在于 argv 是一个指向某数组的起始元素的指针，该数组的元素为字符指针类型。因为这两种写法是等价的，所以读者可以任选一种最能清楚反映自己意图的写法。

3.4 避免“举隅法”

“举隅法”（synecdoche）是一种文学修辞上的手段，有点类似于以微笑表示喜悦、赞许之情，或以隐喻表示指代物与被指物的相互关系。在《牛津英语辞典》中，对“举隅法”（synecdoche）是这样解释的：“以含义更宽泛的词语来代替含义相对较窄的词语，或者相反；例如，以整体代表部分，或者以部分代表整体，以生物的类来代表生物的种，或者以生物的种来代表生物的类，等等。”

《牛津英语辞典》中这一词条的说明，倒是恰如其分地描述了 C 语言中一个常见的“陷阱”：混淆指针与指针所指向的数据。对于字符串的情形，编程人员更是经常犯这种错误。例如：

```
char *p, *q;
p = "xyz";
```

尽管某些时候我们不妨认为，上面的赋值语句使得 p 的值就是字符串"xyz"，然而实际情况并不是这样，记住这一点尤其重要。实际上，p 的值是一个指向由'x'、'y'、'z'和'\0'这 4 个字符组成的数组的起始元素的指针。因此，如果我们执行下面的语句：

```
q = p;
```

p 和 q 现在是两个指向内存中同一地址的指针。这个赋值语句并没有同时复制内存中的字符。我们可以用图 3-1 来表示这种情况。

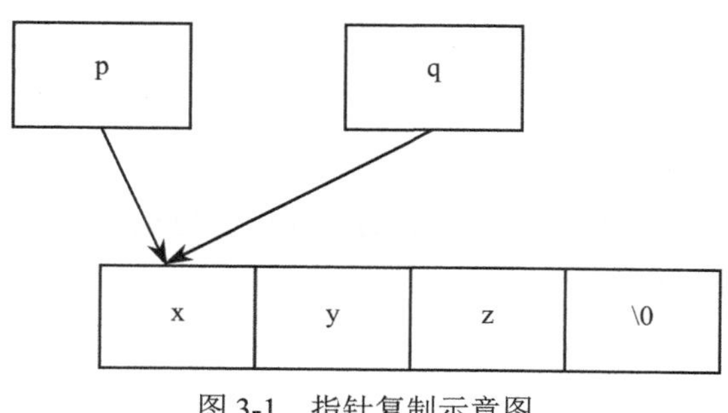

图 3-1　指针复制示意图

需要记住的是，复制指针并不同时复制指针所指向的数据。

因此，当我们执行完下面的语句之后：

```
q[1] = 'Y';
```

q 所指向的内存现在存储的是字符串'xYz'。因为 p 和 q 所指向的是同一块内存，所以 p 指向的内存中存储的当然也是字符串'xYz'。

> 译注：ANSI C 标准中禁止对 string literal 做出修改。K&R C 中对这一问题的说明是，试图修改字符串常量的行为是未定义的。某些 C 编译器还允许 q[1] = 'Y'这种修改行为，如 LCC v3.6。但是，这种写法不值得提倡。

3.5　空指针并非空字符串

除了一种重要的例外情况，在 C 语言中将一个整数转换为一个指针，最后得到的结果都取决于具体的 C 编译器实现。这种例外情况就是常数 0，编译器保证由 0 转换而来的指针不等于任何有效的指针。出于代码文档化的考虑，常数 0 这个值经常用一个符号来代替：

```
#define NULL 0
```

当然无论是直接用常数 0，还是用符号 NULL，效果都是相同的。需要记住的重要一点是，当常数 0 被转换为指针使用时，这个指针绝对不能被解除引用（dereference）。换句话说，在将 0 赋值给一个指针变量时，我们绝对不能企图使用该指针所指向的内存中存储的内容。下面的写法是完全合法的：

```
if (p == (char *) 0) ...
```

但是如果要写成这样：

```
if (strcmp(p, (char *) 0) == 0) ...
```

就是非法的了，原因在于库函数 strcmp 的实现中会包括一个操作，用于查看它的指针参数所指向内存中的内容。

如果 p 是一个空指针，甚至

```
printf(p);
```

和

```
printf("%s", p);
```

的行为也是未定义的。而且，与此类似的语句在不同的计算机上也会有不同的效果。7.6 节详细讨论了这个问题。

3.6 边界计算与不对称边界

如果一个数组有 10 个元素，那么这个数组下标的允许取值范围是什么呢？

这个问题对于不同的程序设计语言有着不同的答案。例如，对于 Fortran、PL/I 以及 Snobol4 等程序语言，这个数组的下标取值缺省从 1 开始，而且这些语言也允许编程人员另外指定数组下标的起始值。而对于 Algol 和 Pascal 语言，数组下标没有缺省的起始值，编程人员必须显式地指定每个数组的下界与上界。在标准的 Basic 语言中，声明一个拥有 10 个元素的数组，实际上编译器分配了 11 个元素的空间，下标范围从 0 到 10。

> 译注：在 Basic 中声明数组时实际上指定的是上界，而下界默认为 0。
>
> Dim Counters(14) As Integer '15 个元素
>
> Dim Sums(20) As Double '21 个元素
>
> Basic 中也可以同时指定数组上界与下界，如：
>
> Dim Counters(1 To 15) As Integer
>
> Dim Sums(100 To 120) As String

在 C 语言中，这个数组的下标范围是从 0 到 9。在一个拥有 10 个元素的数组中，存在下标为 0 的元素，却不存在下标为 10 的元素。在 C 语言中，一个拥有 n 个元素的数组，却不存在下标为 n 的元素，其元素的下标范围是从 0 到 n–1。为此，由其他程序语言转而使用 C 语言的程序员在使用数组时特别要注意。

例如，让我们仔细地来看看本书导读中的一段代码：

```
int i, a[10];
for (i=1; i<=10; i++)
a[i] = 0;
```

这段代码本意是要将数组 a 中所有元素设置为 0，却产生了一个出人意料的“副作用”。在 for 语句的比较部分本来是 i < 10，却写成了 i <= 10，因此实际上并不存在的 a[10]被设置为 0，也就是内存中在数组 a 之后的一个字（word）的内存被设置为 0。如果用来编译这段程序的编译器按照内存地址递减的方式来给变量分配内存，那么内存中数组 a 之后的一个字（word）实际上是分配给了整型变量 i。此时，本来循环计数器 i 的值为 10，循环体内将并不存在的 a[10]设置为 0，实际上却是将计数器 i 的值设置为 0，这就陷入了一个死循环。

尽管 C 语言的数组会让新手感到麻烦，但是这种特别的设计正是其最大优势所在。要理解这一点，需要做一些解释。

在所有常见的程序设计错误中，最难于察觉的一类是“栏杆错误”，也常被称为“差一错误”（off-by-one error）。还记得本书第 0 章中的练习 0-2 提出的问题吗？那个问题说的是：100 英尺长的围栏每隔 10 英尺需要一根支撑用的栏杆，共需要多少根栏杆呢？如果不假思索，最“显而易见”的答案是将 100 除以 10，得到的结果是 10，即需要 10 根栏杆。当然，这个答案是错误的，正确答案是 11。

也许，得出正确答案的最容易方式是这样考虑：要支撑 10 英尺长的围栏实际需要两根栏杆，两端各一根。这个问题的另一种考虑方式是：除了最右侧的一段围栏，其他每一段 10 英尺长的围栏都只在左侧有一根栏杆；而例外的最右侧一段围栏不仅左侧有一根栏杆，右侧也有一根栏杆。

前面一段讨论了解决这个问题的两种方法，实际上提示了我们避免“栏杆错误”的两个通用原则。

1．首先考虑最简单情况下的特例，然后将得到的结果外推，这是原则一。

2．仔细计算边界，绝不掉以轻心，这是原则二。

将上面总结的内容牢记在心以后，我们现在来看整数范围的计算。例如，假定整数 x 满足边界条件 x>=16 且 x<=37，那么此范围内 x 的可能取值个数有多少？换句话说，整数序列 16，17，…，37 共有多少个元素？很显然，答案与 37-16（亦即 21）非常接近，那么到底是 20、21，还是 22 呢？

根据原则 1，我们考虑最简单情况下的特例。这里假定整数 x 的取值范围上界与下界重合，即 x>=16 且 x<=16，显然合理的 x 取值只有 1 个整数，即 16。所

以当上界与下界重合时，此范围内满足条件的整数序列只有 1 个元素。

再考虑一般的情形：假定下界为 l，上界为 h。如果满足条件“上界与下界重合”，即 l = h，亦即 h – l = 0。根据特例外推的原则，我们可以得出满足条件的整数序列有 h – l + 1 个元素。在本例中，就是 37 – 16+ 1，即 22。

造成“栏杆错误”的根源正是“h – l + 1”中的“+ 1”。一个字符串中由下标为 16 到下标为 37 的字符元素所组成的子串，它的长度是多少呢？稍不留意，就会得到错误的结果 21。很自然地，人们会问这样一个问题：是否存在一些编程技巧，能够降低这类错误发生的可能性呢？

这个编程技巧不但存在，而且可以一言以蔽之：用第一个入界点和第一个出界点来表示一个数值范围。具体而言，前面的例子我们不应说整数 x 满足边界条件 x≥16 且 x≤37，而是说整数 x 满足边界条件 x≥16 且 x<38。注意，这里下界是“入界点”，即包括在取值范围之中；而上界是“出界点”，即不包括在取值范围之中。这种不对称也许从数学上而言并不优美，但是它对于程序设计的简化效果却足以令人吃惊。

1．取值范围的大小就是上界与下界之差。38–16 的值是 22，恰恰是不对称边界 16 和 38 之间所包括的元素数目。

2．如果取值范围为空，那么上界等于下界。这是第 1 条的直接推论。

3．即使取值范围为空，上界也永远不可能小于下界。

对于像 C 这样的数组下标从 0 开始的语言，不对称边界给程序设计带来的便利尤其明显：这种数组的上界（即第一个“出界点”）恰是数组元素的个数！因此，如果我们要在 C 语言中定义一个拥有 10 个元素的数组，那么 0 就是数组下标的第一个“入界点”（指处于数组下标范围以内的点，包括边界点），而 10 就是数组下标中的第一个“出界点”（指不在数组下标范围以内的点，不含边界点）。正因如此，我们这样写：

```
int a[10], i;
for (i = 0; i < 10; i++)
        a[i] = 0;
```

而不是写成下面这样：

```
int a[10], i;
```

```
for (i = 0; i <= 9; i++)
        a[i] = 0;
```

让我们作一个假设，如果 C 语言的 for 语句风格类似 Algol 或者 Pascal 语言，那么就会带来一个问题：下面这个语句的含义究竟是什么？

```
for (i = 0 to 10)
        a[i] = 0;
```

如果 10 是包括在取值范围内的“入界点”，那么 i 将取 11 个值，而不是 10 个值；如果 10 是不包括在取值范围内的“出界点”，那么原来以其他程序语言为背景的编程人员会大为惊讶。

另一种考虑不对称边界的方式是，把上界视作某序列中第一个被占用的元素，而把下界视作序列中第一个被释放的元素，如图 3-2 所示。

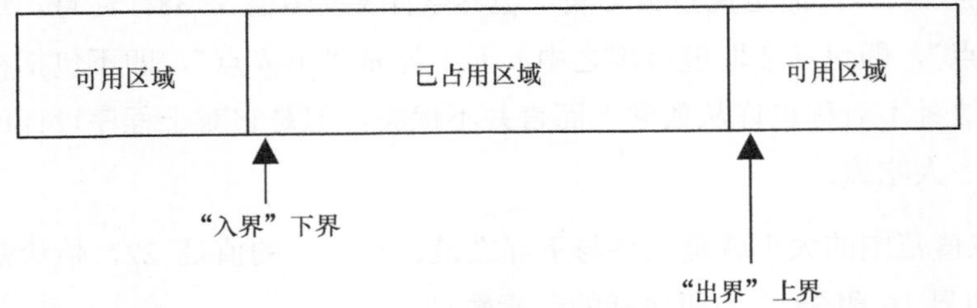

图 3-2　数组不对称边界示意图

当处理各种不同类型的缓冲区时，这种看待问题的方式特别有用。例如，考虑这样一个函数，该函数的功能是将长度无规律的输入数据送到缓冲区（即一块能够容纳 N 个字符的内存）中去，每当这块内存被“填满”时，就将缓冲区的内容写出。缓冲区的声明可能是下面这个样子：

```
#define N 1024
static char buffer[N];
```

我们再设置一个指针变量，让它指向缓冲区的当前位置：

```
static char *bufptr;
```

对于指针 bufptr，我们应该把重点放在哪个方面呢？是让指针 bufptr 始终指向缓冲区中最后一个已占用的字符，还是让它指向缓冲区中第一个未占用的字符？前一种选择很有吸引力，但是考虑到我们对“不对称边界”的偏好，后一种选择更为适合。

按照“不对称边界”的惯例，我们可以这样编写语句：

```
*bufptr++ = c;
```

这个语句把输入字符 c 放到缓冲区中，然后指针 bufptr 递增 1，又指向缓冲区中第 1 个未占用的字符。

根据前面对“不对称边界”的考察，当指针 bufptr 与&buffer[0]相等时，缓冲区存放的内容为空，因此初始化时声明缓冲区为空可以这样写：

```
bufptr = &buffer[0];
```

或者，更简洁一点，直接写成：

```
bufptr = buffer;
```

任何时候缓冲区中已存放的字符数都是 bufptr – buffer，因此我们可以通过将这个表达式与 N 作比较，来判断缓冲区是否已满。当缓冲区全部“填满”时，表达式 bufptr – buffer 就等于 N，可以推断缓冲区中未占用的字符数为 N – (bufptr – buffer) 。

一旦掌握了前面所有这些预备知识，我们就可以开始编写程序了，假设这个函数的名称是 bufwrite。函数 bufwrite 有两个参数：第一个参数是一个指针，指向将要写入缓冲区的第 1 个字符；第二个参数是一个整数，代表将要写入缓冲区的字符数。假定我们可以调用函数 flushbuffer 来把缓冲区中的内容写出，而且函数 flushbuffer 会重置指针 bufptr，使其指向缓冲区的起始位置，如下所示：

```
void
bufwrite(char *p, int n)
{
        while (--n >= 0) {
                if (bufptr == &buffer[N])
                        flushbuffer();
                *bufptr++ = *p++;
        }
}
```

重复执行表达式--n >= 0 只是进行 n 次迭代的一种方法。要验证这一点，我们可以考察最简单的特例情形 n = 1[※]。因为循环执行 n 次，每次迭代从输入缓冲区中取走一个字符，所以输入的每个字符都将得到处理，而且也不会额外执行多余的处理操作。

> 注：在大多数 C 语言实现中，--n >= 0 至少与等效的 n-- > 0 一样快，甚至在某些 C 实现中还要更快。第一个表达式--n >= 0 的大小先从 n 中减去 1，然后将结果与 0 比较；第二个表达式则先保存 n，从 n 中减去 1，然后比较保存值与 0 的大小。某些编译器如果足够聪明，可以发现后一个操作有可能按照比写出来的更有效率的方式执行。但是我们不应该依赖这一点。

我们注意到前面代码段中出现了 bufptr 与&buffer[N]的比较，而 buffer[N]这个元素是不存在的！数组 buffer 的元素下标从 0 到 N − 1，根本不可能是 N。我们用这种写法：

```
if (bufptr == &buffer[N])
```

代替了下面等效的写法：

```
if (bufptr > &buffer[N - 1])
```

原因在于我们要坚持遵循“不对称边界”的原则：我们要比较指针 bufptr 与缓冲区后第一个字符的地址，而&buffer[N]正是这个地址。但是，引用一个并不存在的元素又有什么意义呢？

幸运的是，我们并不需要引用这个元素，而只需要引用这个元素的地址，并且这个地址在我们遇到的所有 C 语言实现中又是“千真万确”存在的。而且，ANSI C 标准也明确允许这种用法：数组中实际不存在的“溢界”元素的地址位于数组所占内存之后，这个地址可以用于进行赋值和比较。当然，如果要引用该元素，那就是非法的了。

按照前面的写法，程序已经能够工作，但是我们还可以进一步优化，以提高程序的运行速度。尽管程序优化问题超过了本书所涉及的范围，但这个特定的例子中还是有值得我们考察其有关计数方面的特性。

这个程序绝大部分的开销来自于每次迭代都要进行的两个检查：一个检查用于判断循环计数器是否到达终值；另一个检查用于判断缓冲区是否已满。这样做的结果就是一次只能转移一个字符到缓冲区。

假定我们有一种方法能够一次移动 k 个字符。大多数 C 语言实现（以及全部正确的 ANSI C 实现）都有一个库函数 memcpy，可以做到这一点，而且这个函数通常是用汇编语言实现的，可以提高运行速度。即使你的 C 语言实现没有提供这个函数，自己写一个也很容易：

```
void
memcpy(char *dest, const char *source, int k)
{
        while (--k >= 0)
                *dest++ = *source++;
}
```

我们现在可以让函数 bufwrite 利用库函数 memcpy 来一次转移一批字符到缓冲区，而不是一次仅转移一个字符。循环中的每次迭代在必要时会刷新缓存，计算需要移动的字符数，移动这些字符，最后恰当地更新计数器，如下所示：

```
void
bufwrite(char *p, int n)
{
        while (n > 0) {
                int k, rem;
                if (bufptr == &buffer[N])
                        flushbuffer();
                rem = N - (bufptr - buffer);
                k = n > rem? rem: n;
                memcpy(bufptr, p, k);
                bufptr += k;
                p += k;
                n -= k;
        }
}
```

很多编程人员在写出这样的程序时，总是感到有些犹豫不决，他们担心可能会写错。而有的程序员似乎很有些“大无畏”精神，最后结果还是写错了。确实，像这样的代码技巧性很强，如果没有很好的理由，我们不应该尝试去做。但是如果“师出有名”，那么理解这样的代码应该如何写就很重要了。只要我们记住前面的两个原则（特例外推法和仔细计算边界），就应该完全有信心做对。

在循环的入口处，n 是需要转移到缓冲区的字符数。因此，只要 n 还大于 0，也就是还有剩余字符没有被转移，循环就应该继续进行下去。每次进入循环体，我们将要转移 k 个字符到缓冲区中，而不是像过去一样每次只转移一个字符。在上面的代码中，最后 4 行语句管理着字符转移的过程：（1）从缓冲区中第 1 个未占用字符开始，复制 k 个字符到其中；（2）将指针 bufptr 指向的地址前移 k 个字符，使其仍然指向缓冲区中第 1 个未占用字符；（3）输入字符串的指针 p 前移 k 个字符；（4）将 n（即待转移的字符数）减去 k。我们很容易看到，这些语句正确地完成了各自的任务。

在循环的一开始，仍然保留了原来版本中的第一个检查，如果缓冲区已满，则刷新之，并重置指针 bufptr。这就保证了在检查之后，缓冲区中还有空间。

唯一困难的部分就是确定 k，即在保证缓冲区安全（不发生溢出）的情况下可以一次转移的最多字符数。k 是下面两个数中较小的一个：输入数据中还剩余的待转移字符数（即 n），以及缓冲区中未占用的字符数（即 rem）。

计算 rem 的方法有两种。前面的例子显示了其中的一种：缓冲区中当前可用字符数（即 rem），是缓冲区中总的字符数（N）减去已占用的字符数（即 bufptr – buffer）的差，也就是 N – (bufptr – buffer)。

另一种计算 rem 的方法是把缓冲区中的空余部分看作一个区间，直接计算这个区间的长度。指针 bufptr 指向这个区间的起点，而 buffer + N（也就是&buffer[N]）指向这个区间的终点（出界点）。此外，它们满足“不对称边界”的条件，指针 bufptr 由于指向的是第 1 个未占用字符，因此是“入界点”；而&buffer[N]所代表的位置在数组 buffer 最后一个元素 buffer[N – 1]之后，因此是“出界点”。所以，根据我们的这一观点，缓冲区中的可用字符数为(buffer + N) – bufptr。稍作思考，我们就会发现

```
(buffer + N) - bufptr
```

完全等价于

```
N - (bufptr - buffer)
```

再看一个与计数有关的例子。在这个例子中，我们需要编写一个程序，该程序按一定顺序生成一些整数，并将这些整数按列输出。把这个例子的要求说得更

明确一点就是：程序的输出可能包括若干页的整数，每页包括 NCOLS 列，每列又包括 NROWS 个元素，每个元素就是一个待输出的整数。还要注意，程序生成的整数是按列连续分布的，而不是按行分布的。

对于这个例子，我们关注的重点应该放在与计数有关的特性方面，因此不妨再做一些简化的假设。首先，我们假定这个程序是由两个函数 print 和 flush 来实现的。而决定哪些数值应该打印是其他程序的责任。每当有新的数值生成时，这个“其他程序”就会把该数值作为参数传递给函数 print，要注意函数 print 仅当缓冲区已满时才打印，未满时将该数值存入缓冲区；而当最后一个数值生成出来之后，就会调用函数 flush 刷新，此时无论缓冲区是否已满，其中所有数值都将被打印。其次，我们假定打印任务分别由 3 个函数完成：函数 printnum 在本页的当前位置打印一个数值；函数 printnl 则打印一个换行符，另起新的一行；函数 printpage 则打印一个分页符，另起新的一页。每一行都必须以换行符结束，即使是一页中的最后一行，也必须以换行符结束后，再打印一个分页符。这些打印函数按照从左到右的顺序“填充”每个输出行，一行被打印后，就不能被撤销或变更。

对于这个问题，我们需要意识到的第一点就是，如果要完成程序要求的任务，某种形式的缓冲区必不可少。我们必须在看到第 1 列的所有元素之后，才可能知道第 2 列的第 1 个元素（即第 1 行的第 2 个元素）的内容。但是，我们又必须在打印完第 1 行之后，才有可能打印第 1 列的第 2 个元素（即第 2 行的第 1 个元素）。

这个缓冲区应该有多大呢？乍一看来，缓冲区似乎需要能够大到足以容纳一整页的数值。细细一想，并不需要这么大的空间。因为按照问题的定义，我们知道每页的列数与行数，那么对于最后一列中的每个元素，也就是相应行的最后一个元素，只要我们得到它的数值，就可以立即打印出来。因此，我们的缓冲区不必包括最后一列：

```
#define BUFSIZE (NROWS*(NCOLS-1))
static int buffer[BUFSIZE];
```

我们之所以声明 buffer 为静态数组，是为了预防它被程序的其他部分存取到。4.3 节详细讨论了 static 声明。

我们对函数 print 的编程策略大致如下：如果缓冲区未满，就把生成的数值放到缓冲区中；如果缓冲区已满，此时读入的数值就是一页中最后 1 列的某个元素，这时就打印出该元素所对应的行（按照上一段中所讲的，这个元素可以直接打印，不必放入缓冲区）。当一页中的所有行都已经输出后，我们就清空缓冲区。

需要注意，这些整数进入缓冲区的顺序与出缓冲区的顺序并不一致：我们是按列接受数值，却是按行打印数值。这就出现了一个问题：在缓冲区中，是同一行的元素相邻排列，还是同一列的元素相邻排列？我们可以任意选择一种方式，这里假定是同一列的元素相邻排列。这种选择使所有数值进入缓冲区非常直截了当：径直连续排列下去就是了。但是出缓冲区的方式却相对复杂一些。要跟踪元素进入缓冲区时所处的位置，一个指针就足够了。我们可以初始化这个指针，使其指向缓冲区的第 1 个元素：

```
static int *bufptr = buffer;
```

现在，我们对函数 print 的结构算是有了一点眉目。函数 print 接受一个整型参数，如果缓冲区还有空间，就将其置入缓冲区；否则，执行“某些暂时不能确定的操作”。让我们把到目前为止对函数 print 的一些认识记录下来：

```
void
print(int n)
{
          if (bufptr == &buffer[BUFSIZE]) {
                    /* 某些暂时不能确定的操作 */
            }else
                    *bufptr++ == n;
}
```

这里的“某些暂时不能确定的操作”包括打印当前行的所有元素；使当前行的序号递增 1；如果一页内的所有行都已经打印，则另起新的一页。为了做到这些，我们显然需要记住当前行号。为此，我们声明一个局部静态变量 row 来存储当前行号。

我们如何做到打印当前行的所有元素呢？乍一想似乎漫无头绪，实际上如果看待问题的方式恰当，也就是俗话所说的“思路对了”，则相当简单。我们知道，对于序号为 row 的行，其第 1 个元素就是 buffer[row]，并且元素 buffer[row]肯定存在。因为元素 buffer[row]属于第 1 列，如果它不存在，则我们根本不可能通过 if 语句的条件判断。我们还知道，同一行中的相邻元素在缓冲区中是相隔 NROWS 个元素排列的。最后，我们知道指针 bufptr 指向的位置刚好在缓冲区中最后一个已占用元素之后。因此，我们可以通过下面这个循环语句来打印缓冲区中属于当前行的所有元素（注意，当前行的最后一个元素不在缓冲区，所以是“缓冲区中属于当前行的所有元素”，而不是“当前行的所有元素”）：

```
int *p;
for (p = buffer+row; p < bufptr; p += NROWS)
        printnum(*p);
```

这里为了简洁起见，我们用 buffer+row 代替了&buffer[row]　。

剩下的“暂时不能确定的操作”就很简单了：打印当前输入数值（即当前行的最后一个元素）；打印换行符以结束当前行；如果是一页的最后一行，还要另起新的一页：

```
printnum(n);                    /* 打印当前行的最后一个元素 */
printnl();                      /* 另起新的一行 */
if (++row == NROWS) {
        printpage();
        row = 0;                /* 重置当前行号 */
        bufptr = buffer;        /* 重置指针 bufptr */
}
```

因此，最后的 print 函数看上去就像下面这样：

```
void
print(int n)
{
        if (bufptr == &buffer[BUFSIZE]) {
            static int row = 0;
            int *p;
            for (p = buffer+row; p < bufptr;
                    p += NROWS)
```

```
                printnum(*p);
            printnum(n);            /* 打印当前行的最后一个元素 */
            printnl();              /* 另起新的一行 */

            if (++row == NROWS) {
                printpage();
                row = 0;            /* 重置当前行序号 */
                bufptr = buffer;    /* 重置指针 bufptr */
            }
        } else
            *bufptr++ = n;
}
```

现在我们接近大功告成了：只需要编写函数 flush，它的作用是打印缓冲区中所有剩余元素。要做到这一点，基本机制与函数 print 中打印当前行所有元素类似，只需要将其作为内循环，在其上另外套一个外循环(作用是遍历一页中的每一行)：

```
void
flush()
{
        int row;
        for (row = 0; row < NROWS; row++) {
                int *p;
                for (p = buffer + row; p < bufptr;
                                p += NROWS)
                        printnum(*p);
                printnl();
}
printpage();
}
```

函数 flush 的这个版本显得有些太中规中矩、平淡无奇了：如果最后一页只包括一列甚至是不完全的一列，函数 flush 仍然会逐行打印出全部的一页，只不过没有元素的地方都是空白而已。事实上，即使最后一页为空，函数 flush 仍然还会全部打印出来，只不过一页全是空白而已。从技术上说，这种做法虽然也满足了问题定义中的要求，但却不符合程序美学的观点。如果没有数值可供打印，就应该立即停止打印。我们可以通过计算缓冲区中有多少项来做到这一点。如果缓冲区中什么也没有，我们并不需要开始新的一页：

```
void
flush()
{
        int row;
        int k = bufptr - buffer; /* 计算缓冲区中剩余项的数目 */
        if (k > NROWS)
                k = NROWS;
        if (k > 0) {
                for (row = 0; row < k; row++) {
                        int *p;
                        for (p = buffer + row; p < bufptr;
                                                p += NROWS)
                                printnum(*p);
                        printnl();
                }
                printpage();
        }
}
```

3.7　求值顺序

2.2 节讨论了运算符优先级的问题。求值顺序则完全是另一码事。运算符优先级是关于诸如表达式

```
a + b * c
```

应该被解释成

```
a + (b * c)
```

而不是

```
(a + b) * c
```

的这样一类规则。求值顺序是另一类规则，可以保证下面这样的语句

```
if (count != 0 && sum/count < smallaverage)
        printf("average < %g\n", smallaverage);
```

即使当变量 count 为 0 时，也不会产生一个“用 0 作除数”的错误。

C 语言中的某些运算符总是以一种已知的、规定的顺序来对其操作数进行求值，而另外一些则不是这样。例如，考虑下面的表达式：

```
a < b && c < d
```

C 语言的定义中说明 a < b 应当首先被求值。如果 a 确实小于 b，此时必须进一步对 c < d 求值，以确定整个表达式的值。但是，如果 a 大于或等于 b，则无须对 c < d 求值，表达式肯定为假。

另外，要对 a < b 求值，编译器可能先对 a 求值，也可能先对 b 求值，在某些机器上甚至有可能对它们同时并行求值。

C 语言中只有 4 个运算符（&&、|| 、?: 和 ,）存在规定的求值顺序。运算符&&和运算符||首先对左侧操作数求值，只在需要时才对右侧操作数求值。运算符?:有 3 个操作数：在 a?b:c 中，操作数 a 首先被求值，根据 a 的值再求操作数 b 或 c 的值。逗号运算符则首先对左侧操作数求值，然后“丢弃”该值，再对右侧操作数求值。

> 注：分隔函数参数的逗号并非逗号运算符。例如，x 和 y 在函数 f(x, y) 中的求值顺序是未定义的，而在函数 g((x, y)) 中却是确定的先 x 后 y 的顺序。在后一个例子中，函数 g 只有一个参数。这个参数的值是这样求得的：先对 x 求值，然后“丢弃” x 的值，接着求 y 的值。

C 语言中其他所有运算符对其操作数求值的顺序是未定义的。特别是，赋值运算符并不保证任何求值顺序。

运算符&&和运算符||对于保证检查操作按照正确的顺序执行至关重要，例如，在语句

```
if (y != 0 && x/y > tolerance)
```

```
        complain();
```

中，就必须保证仅当 y 非 0 时才对 x/y 求值。

下面这种从数组 x 中复制前 n 个元素到数组 y 中的做法是不正确的，因为它对求值顺序做了太多的假设：

```
i = 0;
while (i < n)
        y[i] = x[i++];
```

问题出在哪里呢？上面的代码假设 y[i]的地址将在 i 的自增操作执行之前被求值，这一点并没有任何保证！在 C 语言的某些实现上，有可能在 i 自增之前被求值；而在另外一些实现上，有可能与此相反。同理，下面这种版本的写法与前类似，也不正确：

```
i = 0;
while (i < n)
        y[i++] = x[i];
```

但是下面这种写法却能正确工作：

```
i = 0;
while (i < n) {
        y[i] = x[i];
        i++;
}
```

当然，这种写法可以简写为：

```
for (i = 0; i < n; i++)
        y[i] = x[i];
```

3.8　运算符&&、|| 和 ！

C 语言中有两类逻辑运算符，某些时候可以互换：按位运算符&、| 和~，以及逻辑运算符&&、|| 和 ！。如果程序员用其中一类的某个运算符替换掉另一类中对应的运算符，他也许会大吃一惊：互换之后程序看上去还能“正常”工作，

但实际上这只是巧合所致。

按位运算符&、| 和 ~ 对操作数的处理方式是将其视作一个二进制的位序列，分别对其每个位进行操作。例如，10&12 的结果是 8（二进制表示为 1000），因为运算符&按操作数的二进制表示逐位比较 10（二进制表示为 1010）和 12（二进制表示为 1100），当且仅当两个操作数的二进制表示的某位上同时是 1 时，最后结果的二进制表示中该位才是 1。同理，10|12 的结果是 14（二进制表示为 1110），而~10 的结果是–11（二进制表示为 11...110101），至少在以二进制补码表示负数的机器上是这个结果。

逻辑运算符&&、|| 和 ! 对操作数的处理方式是：要么将其视作“真”，要么将其视作“假”。通常约定将 0 视作“假”，而非 0 视作“真”。这些运算符当结果为“真”时返回 1，当结果为“假”时返回 0，它们只可能返回 0 或 1。除此之外，运算符&&和运算符||在左侧操作数的值能够确定最终结果时，根本不会对右侧操作数求值。

因此，我们能够很容易求得这个表达式的结果：!10 的结果是 0，因为 10 是非 0 数；10&&12 的结果是 1，因为 10 和 12 都不是 0；10||12 的结果也是 1，因为 10 不是 0。而且，在最后一个式子中，12 根本不会被求值；在表达式 10||f( )中，f( )也不会被求值。

考虑下面的代码段，其作用是在表中查询一个特定的元素：

```
i = 0;
while (i < tabsize && tab[i] != x)
        i++;
```

这个循环语句的用意是：如果 i 等于 tabsize 则循环终止，这说明在表中没有发现要找的元素；而如果是其他情况，此时 i 的值就是要找的元素在表中的索引。注意在这个循环中用到了不对称边界。

假定我们无意中用运算符&替换了上面语句中的运算符&&：

```
i = 0;
while (i < tabsize & tab[i] != x)
        i++;
```

这个循环语句也有可能“正常”工作，但仅仅是因为两个非常侥幸的原因。

第一个“侥幸”是，while 中的表达式&运算符的两侧都是比较运算，而比较运算的结果在为“真”时等于 1，在为“假”时等于 0。只要 x 和 y 的取值都限制在 0 或 1，x&y 与 x&&y 就总是得出相同的结果。然而，如果两个比较运算中的任何一个用除 1 之外的非 0 数代表“真”，那么这个循环就不能正常工作了。

第二个“侥幸”是，对于数组结尾之后的下一个元素（实际上是不存在的），只要程序不去改变该元素的值，而仅仅读取它的值，一般情况下是不会有什么危害的。运算符&和运算符&&不同，运算符&两侧的操作数都必须被求值。所以在后一个代码段中，如果 tabsize 等于 tab 中的元素个数，当循环进入最后一次迭代时，即使 i 等于 tabsize，也就是说，数组元素 tab[i]实际上并不存在，程序仍然会查看元素的值。

回忆一下我们在 3.6 节中曾经提到的内容：对于数组结尾之后的下一个元素，取它的地址是合法的。在这一节中，我们试图去实际地读取这个元素的值，这种做法的结果是未定义的，而且绝少有 C 编译器能够检测出这个错误。

3.9 整数溢出

C 语言中存在两类整数算术运算：有符号运算与无符号运算。在无符号算术运算中，没有所谓的“溢出”一说：所有无符号运算都是以 2 的 n 次方为模，这里 n 是结果中的位数。如果算术运算符的一个操作数是有符号整数，另一个是无符号整数，那么有符号整数会被转换为无符号整数，“溢出”也不可能发生。但是，当两个操作数都是有符号整数时，“溢出”就有可能发生，而且“溢出”的结果是未定义的。当一个运算的结果发生“溢出”时，做出任何假设都是不安全的。

例如，假定 a 和 b 是两个非负整型变量，我们需要检查 a+b 是否会“溢出”。一种想当然的方式是这样：

```
if (a + b < 0)
        complain();
```

这并不能正常运行。当 a+b 确实发生“溢出”时，所有关于结果如何的假设都不再可靠。例如，在某些机器上，加法运算将设置一个内部寄存器为 4 种状态之一：正、负、零和溢出。在这种机器上，C 编译器完全有理由这样来实现上面的例子，即 a 与 b 相加，然后检查该内部寄存器的标志是否为“负”。当加法操作发生“溢出”时，这个内部寄存器的状态是溢出而不是负，那么 if 语句的检查就会失败。

一种正确的方式是将 a 和 b 都强制转换为无符号整数：

```
if ((unsigned)a + (unsigned)b > INT_MAX)
        complain();
```

此处的 INT_MAX 是一个已定义常量，代表可能的最大整数值。ANSI C 标准在 <limits.h>中定义了 INT_MAX；如果是在其他 C 语言实现中，读者也许需要自己重新定义。

不需要用到无符号算术运算的另一种可行方法是：

```
if (a > INT_MAX - b)
        complain();
```

3.10 为函数 main 提供返回值

最简单的 C 程序也许是像下面这样：

```
main()
{
}
```

这个程序包含一个不易察觉的错误。函数 main 与其他任何函数一样，如果并未显式声明返回类型，那么函数返回类型就默认为整型。但是这个程序并没有给出任何返回值。

通常说来，这不会造成什么危害。一个返回值为整型的函数如果返回失败，实际上是隐含地返回了某个“垃圾”整数。只要该数值不被用到，就无关紧要。

然而，在某些情形下函数 main 的返回值并非无关紧要。大多数 C 语言实现都通过函数 main 的返回值来告知操作系统该函数的执行是成功还是失败。典型的处理方案是，返回值为 0 表示程序执行成功，返回值非 0 则表示程序执行失败。如果一个程序的 main 函数并不返回任何值，那么有可能看上去执行失败。如果正在使用一个软件管理系统，该系统关注程序被调用后执行是成功还是失败，那么很可能得到令人惊讶的结果。

严格说来，我们前面最简单的 C 程序应该像下面这样编写代码：

```
main()
{
        return 0;
}
```

或者写成：

```
main()
{
        exit(0);
}
```

最为经典的“hello world”程序看上去应该像这样：

```
#include <stdio.h>

main() {
        printf("hello world\n");
        return 0;
}
```

练习 3-1　假定对于下标越界的数组元素，取其地址是非法的，那么 3.6 节中的 bufwrite 程序应该如何写呢？

练习 3-2　比较 3.6 节中函数 flush 的最后一个版本与以下版本：

```
void
flush()
{
        int row;
        int k = bufptr - buffer;
```

```
        if (k > NROWS)
                k = NROWS;
        for (row = 0; row < k; row++) {
                int *p;
                for (p = buffer + row; p < bufptr;
                                        p += NROWS)
                        printnum(*p);
                printnl();
        }
        if (k > 0)
                printpage();
}
```

练习 3-3　编写一个函数，对一个已排序的整数表执行二分查找。函数的输入包括一个指向表头的指针、表中的元素个数以及待查找的数值。函数的输出是一个指向满足查找要求的元素的指针；当未查找到满足要求的数值时，输出一个 NULL 指针。

第 4 章

链 接

一个 C 程序可能是由多个分别编译的部分组成，这些不同部分通过一个通常叫作链接器（也叫链接编辑器，或载入器）的程序合并成一个整体。因为编译器一般每次只处理一个文件，所以它不能检测出那些需要一次了解多个源程序文件才能察觉的错误。此外，在许多系统中链接器是独立于 C 语言实现的，因此，如果前述错误的原因是与 C 语言相关的，链接器对此同样束手无策。

某些 C 语言实现提供了一个称为 lint 的程序，可以捕获到大量的此类错误，但遗憾的是并非所有的 C 语言实现都提供了该程序。如果能够找到诸如 lint 的程序，就一定要善加利用，这一点无论怎么强调都不为过。

在本章中，我们将考察一个典型的链接器，注意它是如何对 C 程序进行处理的，从而归纳出一些由于链接器的特点而可能导致的错误。

4.1 什么是链接器

C 语言中的一个重要思想就是分别编译（separate compilation），即若干个源程序可以在不同的时候单独进行编译，然后在恰当的时候整合到一起。但是，链接器一般是与 C 编译器分离的，它不可能了解 C 语言的诸多细节。那么，链接器是如何做到把若干个 C 源程序合并成一个整体呢？尽管链接器并不理解 C 语言，然而它却能够理解机器语言和内存布局。编译器的责任是把 C 源程序“翻译”成对链接器有意义的形式，这样链接器就能够“读懂”C 源程序了。

典型的链接器把由编译器或汇编器生成的若干个目标模块，整合成一个被称为载入模块或可执行文件的实体——该实体能够被操作系统直接执行。其中，某些目标模块是直接作为输入提供给链接器的；而另外一些目标模块则是根据链接过程的需要，从包括有类似 printf 函数的库文件中取得的。

链接器通常把目标模块看成是由一组外部对象（external object）组成的。每个外部对象代表着机器内存中的某个部分，并通过一个外部名称来识别。因此，程序中的每个函数和每个外部变量，如果没有被声明为 static，就都是一个外部对象。某些 C 编译器会对静态函数和静态变量的名称做一定改变，将它们也作为外部对象。由于经过了“名称修饰”，因此它们不会与其他源程序文件中的同名函数或同名变量发生命名冲突。

大多数链接器都禁止同一个载入模块中的两个不同外部对象拥有相同的名称。然而，在将多个目标模块整合成一个载入模块时，这些目标模块可能就包含了同名的外部对象。链接器的一个重要工作就是处理这类命名冲突。

处理命名冲突最简单的办法就是干脆完全禁止。对于外部对象是函数的情形，这种做法当然正确，一个程序如果包括两个同名的不同函数，编译器根本就不应该接受；而对于外部对象是变量的情形，问题就变得有些困难了。不同的链接器对这种情形有着不同的处理方式，我们将在后面看到这一点的重要性。

有了这些信息，我们现在可以大致想象出链接器是如何工作的了。链接器的输入是一组目标模块和库文件。链接器的输出是一个载入模块。链接器读入目标模块和库文件，同时生成载入模块。对每个目标模块中的每个外部对象，链接器都要检查载入模块，看是否已有同名的外部对象。如果没有，链接器就将该外部对象添加到载入模块中；如果有，链接器就要开始处理命名冲突。

除了外部对象，目标模块还可能包括了对其他模块中的外部对象的引用，例如，一个调用了函数 printf 的 C 程序所生成的目标模块，就包括了一个对函数 printf 的引用。可以推测得出，该引用指向的是一个位于某个库文件中的外部对象。在链接器生成载入模块的过程中，它必须同时记录这些外部对象的引用。当链接器读入一个目标模块时，它必须解析出这个目标模块中定义的所有外部对象的引用，并做出标记说明这些外部对象不再是未定义的。

因为链接器对 C 语言“知之甚少”，所以有很多错误不能被检测出来。再次强调，如果读者的 C 语言实现中提供了 lint 程序，切记要使用！

4.2 声明与定义

下面的声明语句：

```
int a;
```

如果其位置出现在所有函数体之外，就将其称为外部对象 a 的定义。这个语句说明 a 是一个外部整型变量，同时为 a 分配了存储空间。因为外部对象 a 并没有被明确指定任何初始值，所以它的初始值默认为 0（某些系统中的链接器对以其他语言编写的程序并不保证这一点，C 编译器有责任以适当方式通知链接器，确保未指定初始值的外部变量被初始化为 0）。

下面的声明语句：

```
int a = 7;
```

在定义 a 的同时也为 a 明确指定了初始值。这个语句不仅为 a 分配内存，也说明了在该内存中应该存储的值。

下面的声明语句：

```
extern int a;
```

并不是对 a 的定义。这个语句仍然说明 a 是一个外部整型变量，但是因为它包括了 extern 关键字，这就显式地说明了 a 的存储空间是在程序的其他地方分配的。从链接器的角度来看，上述声明是一个对外部变量 a 的引用，而不是对 a 的定义。因为这种形式的声明是对一个外部对象的显式引用，即使它出现在一个函数的内部，也仍然具有同样的含义。下面的函数 srand 在外部变量 random_seed 中保存了其整型参数 n 的一份副本：

```
void
srand(int n)
```

```
{
        extern int random_seed;
        random_seed = n;
}
```

每个外部对象都必须在程序某个地方进行定义。因此，如果一个程序中包括了语句

```
extern int a;
```

那么，这个程序就必须在别的某个地方包括语句

```
int a;
```

这两个语句既可以是在同一个源文件中，也可以位于程序的不同源文件之中。

如果一个程序对同一个外部变量的定义不止一次，又将如何处理呢？也就是说，假定下面的语句

```
int a;
```

出现在两个或者更多的不同源文件中，情况会是怎样呢？或者说，如果语句

```
int a = 7;
```

出现在一个源文件中，而语句

```
int a = 9;
```

出现在另一个源文件中，将出现什么样的情形呢？这个问题的答案与系统有关，不同的系统可能有不同的处理方式。严格的规则是，每个外部变量只能定义一次。如果外部变量的多个定义各指定一个初始值，例如：

```
int a = 7;
```

出现在一个源文件中，而

```
int a = 9;
```

出现在另一个源文件中，大多数系统都会拒绝接受该程序。但是，如果一个外部变量在多个源文件中定义却并没有指定初始值，那么某些系统会接受这个程序，而另外一些系统则不会接受。要想在所有的 C 语言实现中避免这个问题，唯一的解决办法就是每个外部变量只定义一次。

4.3 命名冲突与 static 修饰符

两个具有相同名称的外部对象实际上代表的是同一个对象，即使编程人员的本意并非如此，系统也会如此处理。因此，如果在两个不同的源文件中都包括了定义

```
int a;
```

那么它要么表示程序错误（如果链接器禁止外部变量重复定义的话），要么在两个源文件中共享 a 的同一个实例（无论两个源文件中的外部变量 a 是否应该共享）。

即使其中 a 的一个定义是出现在系统提供的库文件中，也仍然进行同样的处理。当然，一个设计良好的函数库不致于将 a 定义为外部名称。但是，要了解函数库中定义的所有外部对象的名称却也并非易事。类似于 read 和 write 这样的名称不难猜到，但其他的名称就没有这么容易了。

ANSI C 定义了 C 标准函数库，列出了经常用到因而可能会引发命名冲突的所有函数。这样，我们就可以避免与库文件中的外部对象名称发生冲突。如果一个库函数需要调用另一个未在 ANSI C 标准中列出的库函数，那么它应该以“隐藏名称”来调用后者。这就使得程序员可以定义一个函数，比如函数名为 read，而不用担心库函数 getc 本应调用库文件中的 read 函数，却调用了这个用户定义的 read 函数。但大多数 C 语言实现并不是这样做的，因此这类命名冲突仍然是一个问题。

static 修饰符是一个能够减少此类命名冲突的有用工具。例如，以下声明语句

```
static int a;
```

其含义与下面的语句相同：

```
int a;
```

只不过，a 的作用域限制在一个源文件内，对于其他源文件，a 是不可见的。因此，如果若干个函数需要共享一组外部对象，可以将这些函数放到一个源文件中，把它们需要用到的对象也都在同一个源文件中以 static 修饰符声明。

static 修饰符不仅适用于变量，也适用于函数。如果函数 f 需要调用另一个函

数 g，而且只有函数 f 需要调用函数 g，我们可以把函数 f 与函数 g 都放到同一个源文件中，并且声明函数 g 为 static：

```
static int
g(int x)
{
        /* g 函数体 */
}

void f() {
{
        /* 其他内容 */
        b = g(a);
}
```

我们可以在多个源文件中定义同名的函数 g，只要所有的函数 g 都被定义为 static，或者仅其中一个函数 g 不是 static。因此，为了避免可能出现的命名冲突，如果一个函数仅仅被同一个源文件中的其他函数调用，我们就应该声明该函数为 static。

4.4 形参、实参与返回值

任何 C 函数都有一个形参列表，列表中的每个参数都是一个变量，该变量在函数调用过程中被初始化。下面这个函数有一个整型形参：

```
int
abs(int n)
{
        return n<0? -n: n;
}
```

而对某些函数来说，形参列表为空。例如：

```
void
```

```
eatline()
{
        int c;
        do c = getchar();
        while (c != EOF && c != '\n');
}
```

函数调用时，调用方将实参列表传递给被调函数。在下面的例子中，a – b 是传递给函数 abs 的实参：

```
if (abs(a - b) > n)
        printf("difference is out of range\n");
```

一个函数如果形参列表为空，在被调用时实参列表也为空。例如，

```
eatline():
```

任何一个 C 函数都有返回类型，要么是 void，要么是函数生成结果的类型。函数的返回类型理解起来要比参数类型相对容易一些，因此我们首先讨论它。

如果任何一个函数在调用它的每个文件中，都在第一次被调用之前进行了声明或定义，那么就不会有任何与返回类型相关的麻烦。例如，考虑下面的例子，函数 square 计算它的双精度类型参数的平方值：

```
double
square(double x)
{
        return x*x;
}
```

以及一个调用 square 函数的程序：

```
main()
{
        printf("%g\n", square(0.3));
}
```

要使这个程序能够运行，函数 square 必须要么在 main 之前进行定义：

```
double
square(double x)
```

```
{
        return x*x;
}

main()
{
        printf("%g\n", square(0.3));
}
```

要么在 main 之前进行声明：

```
double square(double);

main()
{
        printf("%g\n", square(0.3));
}

double
square(double x)
{
        return x*x;
}
```

如果一个函数在被定义或声明之前被调用，那么它的返回类型就默认为整型。上面的例子中，如果将 main 函数单独抽取出来作为一个源文件：

```
main()
{
        printf("%g\n", square(0.3));
}
```

因为函数 main 假定函数 square 的返回类型为整型，而函数 square 的返回类型实际上是双精度类型，当它与 square 函数连接时，就会得出错误的结果。

如果我们需要在两个不同的文件中分别定义函数 main 与函数 square，那么应该如何处理呢？函数 square 只能有一个定义。如果 square 的调用与定义分别位于不同的文件中，那么我们必须在调用它的文件中声明 square 函数：

```
double square(double);

main()
{
     printf("%g\n", square(0.3));
}
```

在 C 语言中，形参与实参匹配的规则稍微有一点复杂。ANSI C 允许程序员在声明时指定函数的参数类型：

```
double square(double);
```

上面的语句声明函数 square 接受一个双精度类型的参数，返回一个双精度类型的结果。根据这个声明，square(2)是合法的；整数 2 将会被自动转换为双精度类型，就好像程序员写成 square((double)2)或者 square(2.0)一样。

如果一个函数没有 float、short 或者 char 类型的参数，在函数声明中完全可以省略参数类型的说明（注意，函数定义中不能省略参数类型的说明）。因此，即使是在 ANSI C 中，像下面这样声明 square 函数也是可以的：

```
double square();
```

这样做依赖于调用者能够提供数目正确且类型恰当的实参。这里，“恰当”并不意味着“等同”：float 类型的参数会自动转换为 double 类型，short 或 char 类型的参数会自动转换为 int 类型。例如，对于下面的函数：

```
int
isvowel(char c)
{
        return c == 'a' || c == 'e' || c == 'i' ||
                   c == 'o' || c == 'u';
}
```

因为其形参为 char 类型，所以在调用该函数的其他文件中必须声明：

```
int isvowel(char);
```

否则，调用方将把传递给 isvowel 函数的实参自动转换为 int 类型，这样就与形参类型不一致了。如果函数 isvowel 是这样定义的：

```
int isvowel(int c) {
            return c == 'a' || c == 'e' || c == 'i' ||
                     c == 'o' || c == 'u';
}
```

那么调用方无须进行声明，即使调用方在调用时传递给 isvowel 函数一个 char 类型的参数，也是如此。

ANSI C 标准发布之前出现的 C 编译器，并不都支持这种风格的声明。当使用这类编译器时，我们有必要像下面这样声明 isvowel 函数：

```
int isvowel();
```

以及这样定义它：

```
int isvowel(c)
            char c;
{
            return c == 'a' || c == 'e' || c == 'i' ||
                     c == 'o' || c == 'u';
}
```

为了与早期的用法兼容，ANSI C 也支持这种较“老”形式的声明和定义。这就带来一个问题：如果一个文件中调用了 isvowel 函数，却又不能声明它的参数类型（为了能够在较“老”的编译器上工作），那么编译器如何知道函数形参是 char 类型而不是 int 类型的呢？答案在于，新旧两种不同的函数定义形式代表不同的含义。上面 isvowel 函数的最后一个定义，实际上相当于：

```
int
isvowel(int i)
{
        char c = i;
        return c == 'a' || c == 'e' || c == 'i' ||
                c == 'o' || c == 'u';
```

```
}
```

现在我们已经了解了函数定义与声明的有关细节，再来看看这方面容易出错的一些方式。下面这个程序虽然简单，却不能运行：

```
main()
{
        double s;
        s = sqrt(2);
        printf("%g\n", s);
}
```

原因有两个。第一个原因是，sqrt 函数本应接受一个双精度值为实参，而实际上却被传递了一个整型参数。第二个原因是，sqrt 函数的返回类型是双精度类型，但却并没有这样声明。

一种更正方式是：

```
double sqrt(double);

main()
{
        double s;
        s = sqrt(2);
        printf("%g\n", s);
}
```

若用另一种方式，则更正后的程序可以在 ANSI C 标准发布之前就存在的 C 编译器上工作，即：

```
double sqrt();

main()
{
        double s;
        s = sqrt(2.0);
```

```
        printf("%g\n", s);
}
```

当然，最好的更正方式是下面这样：

```
#include <math.h>

main()
{
        double s;
        s = sqrt(2.0);
        printf("%g\n", s);
}
```

这个程序看上去并没有显式地说明 sqrt 函数的参数类型与返回类型，但实际上它从系统头文件 math.h 中获得了这些信息。尽管本例为了与早期 C 编译器兼容，已经把实参写成了双精度类型的 2.0 而不是整型的 2，然而即使仍然写作整型的 2，在符合 ANSI C 标准的编译器上，这个程序也能确保实参会被转换为恰当的类型。

因为函数 printf 与函数 scanf 在不同情形下可以接受不同类型的参数，所以它们特别容易出错。这里有一个值得注意的例子：

```
#include <stdio.h>
main()
{
        int i;
        char c;
        for (i = 0; i < 5; i++) {
                scanf("%d", &c);
                printf("%d  ", i);
        }
        printf("\n");
}
```

表面上，这个程序从标准输入设备读入 5 个数，在标准输出设备上写 5 个数：

```
0 1 2 3 4
```

实际上，这个程序并不一定得到上面的结果。例如，在某个编译器上，它的输出是

```
0 0 0 0 0 1 2 3 4
```

为什么呢？问题的关键在于，这里 c 被声明为 char 类型，而不是 int 类型。如果程序要求 scanf 读入一个整数，应该传递给它一个指向整数的指针。而程序中 scanf 函数得到的却是一个指向字符的指针，scanf 函数并不能分辨这种情况，它只是将这个指向字符的指针作为指向整数的指针而接受，并且在指针指向的位置存储一个整数。因为整数所占的存储空间要大于字符所占的存储空间，所以字符 c 附近的内存将被覆盖。

字符 c 附近的内存中存储的内容是由编译器决定的，在本例中它存放的是整数 i 的低端部分。因此，每次读入一个数值到 c 时，都会将 i 的低端部分覆盖为 0，而 i 的高端部分本来就是 0，相当于 i 每次被重新设置为 0，循环将一直进行。当到达文件的结束位置后，scanf 函数不再试图读入新的数值到 c。这时，i 才可以正常地递增，最后终止循环。

4.5 检查外部类型

假定我们有一个 C 程序，它由两个源文件组成。一个文件包含外部变量 n 的声明：

```
extern int n;
```

另一个文件包含外部变量 n 的定义：

```
long n;
```

这里假定两个语句都不在任何一个函数体内，因此 n 是外部变量。

这是一个无效的 C 程序，因为同一个外部变量名在两个不同的文件中被声明为不同的类型。然而，大多数 C 语言实现却不能检测出这种错误。编译器对这两个不同的文件分别进行处理，这两个文件的编译时间甚至可以相差好几个月。因

此，编译器在编译一个文件时，并不知道另一个文件的内容。链接器可能对 C 语言一无所知，因此它也不知道如何比较两个 n 的定义中的类型。

当这个程序运行时，究竟会发生什么情况呢？存在很多的可能情况。

1. C 语言编译器足够“聪明”，能够检测到这一类型的冲突。编程人员将会得到一条诊断消息，报告变量 n 在两个不同的文件中被给定了不同的类型。

2. 读者使用的 C 语言实现对 int 类型的数值与 long 类型的数值在内部表示上是一样的。尤其是在 32 位计算机上，一般都是如此处理。在这种情况下，程序很可能正常工作，就好像 n 在两个文件中都被声明为 long（或 int）类型一样。本来错误的程序因为某种巧合却能够工作，这是一个很好的例子。

3. 变量 n 的两个实例虽然要求的存储空间的大小不同，但是它们共享存储空间的方式却恰好能够满足这样的条件：赋给其中一个的值，对另一个也是有效的。这是有可能发生的。举例来说，如果链接器安排 int 类型的 n 与 long 类型的 n 的低端部分共享存储空间，这样给每个 long 类型的 n 赋值，恰好相当于把其低端部分赋给了 int 类型的 n。本来错误的程序因为某种巧合却能够工作，这是一个比第 2 种情况更能说明问题的例子。

4. 变量 n 的两个实例共享存储空间的方式，使得对其中一个赋值时，其效果相当于同时给另一个赋了完全不同的值。在这种情况下，程序将不能正常工作。

因此，保证一个特定名称的所有外部定义在每个目标模块中都有相同的类型，一般来说是程序员的责任。而且，“相同的类型”也应该是严格意义上的相同。例如，考虑下面的程序，在一个文件中包含定义：

```
char filename[] = "/etc/passwd";
```

而在另一个文件中包含声明：

```
extern char* filename;
```

尽管在某些上下文环境中，数组与指针非常类似，但它们毕竟不同。在第一个声明中，filename 是一个字符数组的名称。尽管在一个语句中引用 filename 的值将得到指向该数组起始元素的指针，但是 filename 的类型是“字符数组”，而不是“字符指针”。在第二个声明中，filename 被确定为一个指针。这两个对 filename

的声明使用存储空间的方式是不同的，它们无法以一种合乎情理的方式共存。第一个例子中字符数组 filename 的内存布局大致如图 4-1 所示。

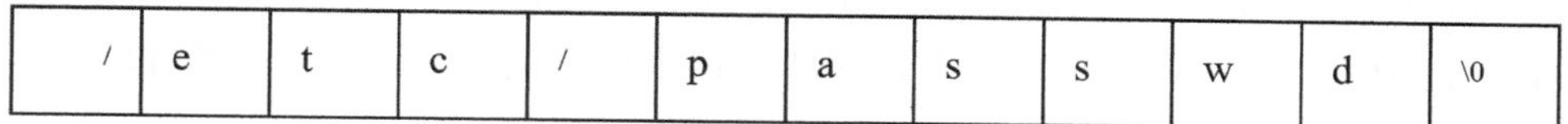

图 4-1 字符数组 filename 的内存布局示意图

第二个例子中字符指针 filename 的内存布局大致如图 4-2 所示。

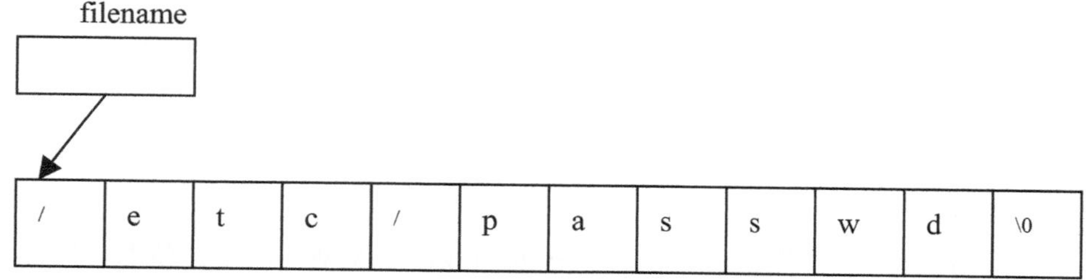

图 4-2 字符指针 filename 的内存布局示意图

要更正本例，应该改变 filename 的声明或定义中的一个，使其与另一个类型匹配。因此，既可以是如下改法：

```
char filename[] = "/etc/passwd";  /* 文件 1 */
extern char filename[];           /* 文件 2 */
```

也可以是这种改法：

```
char* filename = "/etc/passwd";  /* 文件 1 */
extern char* filename;           /* 文件 2 */
```

有关外部类型方面另一种容易带来麻烦的方式是，忽略了声明函数的返回类型，或者声明了错误的返回类型。例如，回顾一下 4.4 节中讨论的程序：

```
main()
{
        double s;
        s = sqrt(2);
        printf("%g\n", s);
```

```
}
```

这个程序没有包括对函数 sqrt 的声明，因而函数 sqrt 的返回类型只能从上下文进行推断。C 语言中的规则是，如果一个未声明的标识符后跟一个开括号，那么它将被视为一个返回整型的函数。因此，这个程序完全等同于下面的程序：

```
extern int sqrt();

main()
{
        double s;
        s = sqrt(2);
        printf("%g\n", s);
}
```

当然，这种写法是错误的。函数 sqrt 返回双精度类型，而不是整型。因此，这个程序的结果是不可预测的。事实上，该程序似乎能够在某些机器上工作。举例来说，假定有这样一种机器，无论函数的返回值是整型值还是浮点值，它都使用同样的寄存器。这样的机器将直接把函数 sqrt 的返回结果按其二进制表示的各个位传递给函数 printf，而并不去检查类型是否一致。函数 printf 得到了正确的二进制表示，当然能够打印出正确的结果。某些机器在不同的寄存器中存储整数与指针。在这样的机器上，即使不牵涉浮点运算，这种类型的错误也仍然可能造成程序失败。

4.6　头文件

有一个好方法可以避免大部分上述问题，这个方法只需要我们接受一个简单的规则：每个外部对象只在一个地方声明。这个声明的地方一般就在头文件中，需要用到该外部对象的所有模块都应该包括这个头文件。特别需要指出的是，定义该外部对象的模块也应该包括这个头文件。

例如，再来看前面讨论过的 filename 例子。这个例子可能是一个完整程序的一部分，该程序由多个模块组成，每个模块都需要知道一个特定文件名。我们希望能够做到只在一处改动这个特定的文件名，所有模块中的文件名就同时得到更新。我们可以这样来做，即创建一个文件，比如 file.h，它包含了声明：

```
extern char filename[];
```

在需要用到外部对象 filename 的每个 C 源文件中，都应该加上这样一个语句：

```
#include "file.h"
```

最后，我们选择一个 C 源文件，在其中给出 filename 的初始值。不妨称这个文件为 file.c：

```
#include "file.h"
char filename[] = "/etc/passwd";
```

注意，源文件 file.c 实际上包含 filename 的两个声明，只要把 include 语句展开就可以看出这一点：

```
extern char filename[];
char filename[] = "/etc/passwd";
```

只要源文件 file.c 中 filename 的各个声明是一致的，而且这些声明中最多只有一个是 filename 的定义，这样写就是合法的。

让我们来看这样做的效果。头文件 file.h 中声明了 filename 的类型，因此每个包含了 file.h 的模块也就自动地正确声明了 filename 的类型。源文件 file.c 定义了 filename，由于它也包含了 file.h 头文件，因此 filename 定义的类型自动与声明的类型相符合。如果编译所有这些文件，filename 的类型就肯定是正确的！

练习 4-1 假定一个程序在一个源文件中包含了声明：

```
long foo;
```

而在另一个源文件中包含了：

```
extern short foo;
```

又进一步假定，如果给 long 类型的 foo 赋一个较小的值，例如 37，那么 short 类型的 foo 就同时获得了一个值 37。我们能够对运行该程序的硬件做出什么样的推断？如果 short 类型的 foo 得到的值不是 37 而是 0，我们又能够做出什么样的推断？

练习 4-2 4.4 节中讨论的错误程序，经过适当简化后如下所示：

```
#include <stdio.h>

main()
{
        printf("%g\n", sqrt(2));
}
```

在某些系统中，打印出的结果是

```
%g
```

请问这是为什么？

第5章 库函数

C 语言中没有定义输入/输出语句，任何一个有用的 C 程序（起码必须接受零个或多个输入，生成一个或多个输出）都必须调用库函数来完成最基本的输入/输出操作。ANSI C 标准毫无疑问地意识到了这一点，因而定义了一个包含大量标准库函数的集合。从理论上说，任何一个 C 语言实现都应该提供这些标准库函数。ANSI C 中定义的标准库函数集合并不完备。例如，基本上所有的 C 语言实现都包括了执行“底层”I/O 操作的 read 和 write 函数，但是这些函数却并没有出现在 ANSI C 标准中。除此之外，并非所有的 C 语言实现都包括了全部的标准库函数。毕竟，ANSI C 标准还是一个新生事物。

> 译注：根据序言中的说明，作者写作本书时 ANSI C 标准尚没有最后定案。

大多数库函数的使用都不会有什么麻烦，它们的意义和用法明白而直接，程序员大部分时间似乎都能够正确地使用它们。然而，也有一些例外情形，如某些经常用到的库函数表现出来的行为方式往往有悖于使用者的本意。特别是，程序员似乎常常对 printf 函数族，以及 varargs.h（用于编写具有可变参数列表的函数）的诸多细节感到棘手。本书附录中详细说明了这两个工具，以及 stdarg.h（ANSI C 版本的 varargs.h）工具。

有关库函数的使用，我们能给出的最好建议是尽量使用系统头文件。如果库文件的作者已经提供了精确描述库函数的头文件，不去使用它们就真是愚不可及。在 ANSI C 中这一点尤其重要，因为头文件中包括了库函数的参数类型以及返回类型的声明。事实上，某些情况下为了保证得到正确的结果，ANSI C 标准甚至强制要求使用系统头文件。

本章将探讨某些常见的库函数，以及编程人员在使用它们的过程中可能出错之处。

5.1 返回整数的 getchar 函数

我们首先考虑下面的例子：

```
#include <stdio.h>


main()
{
      char c;

      while ((c = getchar()) != EOF)
              putchar (c);
}
```

getchar 函数在一般情况下返回的是标准输入文件中的下一个字符，当没有输入时，返回 EOF（一个在头文件 stdio.h 中定义的值，不同于任何一个字符）。这个程序乍一看似乎是把标准输入复制到标准输出，实则不然。

原因在于程序中的变量 c 被声明为 char 类型，而不是 int 类型。这意味着 c 无法容下所有可能的字符，特别是可能无法容下 EOF。

因此，最终结果存在两种可能：一种可能是，某些合法的输入字符在被“截断”后使得 c 的取值与 EOF 相同；另一种可能是，c 根本不可能取到 EOF 这个值。对于前一种情况，程序将在文件复制的中途终止；对于后一种情况，程序将陷入一个死循环。

实际上，还有可能存在第三种情况：程序表面上似乎能够正常工作，但完全是因为巧合。尽管函数 getchar 的返回结果在赋给 char 类型的变量 c 时会发生“截断”操作，尽管 while 语句中比较运算的操作数不是函数 getchar 的返回值，而是被“截断”的值 c，但令人惊讶的是许多编译器对上述表达式的实现并不正确。这些编译器确实对函数 getchar 的返回值做了“截断”处理，并把低端字节部分赋给了变量 c。但是，它们在比较表达式中并不是比较 c 与 EOF，而是比较 getchar 函数的返回值与 EOF！编译器如果采取的是这种做法，上面的例子程序看上去就能够“正常”运行了。

5.2 更新顺序文件

许多系统中的标准输入/输出库都允许程序打开一个文件，同时进行写入和读出的操作：

```
FILE *fp;
fp = fopen(file, "r+");
```

上面的例子代码打开了文件名由变量 file 指定的文件，对于存取权限的设定表明程序希望对这个文件进行输入和输出操作。

编程人员也许认为，程序一旦执行完上述操作，就可以自由地交错进行读出和写入的操作。遗憾的是，事实总难遂人所愿，为了保持与过去不能同时进行读写操作的程序的向下兼容性，一个输入操作不能随后直接紧跟一个输出操作，反之亦然。如果要同时进行输入和输出操作，必须在其中插入 fseek 函数的调用。

下面的程序片段似乎更新了一个顺序文件中选定的记录：

```
FILE *fp;
struct record rec;
...
while (fread( (char *)&rec, sizeof(rec), 1, fp) == 1) {
            /* 对 rec 执行某些操作 */
            if (/* rec 必须被重新写入 */) {
                fseek(fp, -(long)sizeof(rec), 1);
                fwrite( (char *)&rec, sizeof(rec), 1, fp);
```

```
        }
}
```

这段代码乍看上去毫无问题：&rec 在传入 fread 和 fwrite 函数时被小心翼翼地转换为字符指针类型，sizeof(rec)被转换为长整型（fseek 函数要求第二个参数是 long 类型，因为 int 类型的整数可能无法包含一个文件的大小；sizeof 返回一个 unsigned 值，因此首先必须将其转换为有符号类型才有可能将其反号）。但是这段代码仍然可能运行失败，而且出错的方式非常难于察觉。

问题出在：如果一个记录需要被重新写入文件，也就是说，如果执行了 fwrite 函数，对这个文件执行的下一个操作将是执行循环开始处的 fread 函数。因为在 fwrite 函数调用与 fread 函数调用之间缺少了一个 fseek 函数调用，所以无法进行上述操作。解决的办法是把这段代码改写为：

```
while (fread( (char *)&rec, sizeof(rec), 1, fp) == 1) {
        /* 对 rec 执行某些操作 */
        if (/* rec 必须被重新写入 */) {
            fseek(fp, -(long)sizeof(rec), 1);
            fwrite( (char *)&rec, sizeof(rec), 1, fp);
            fseek(fp, 0L, 1);
        }
}
```

第二个 fseek 函数虽然看上去什么也没做，但它改变了文件的状态，使得文件现在可以正常地进行读取了。

5.3 缓冲输出与内存分配

当一个程序生成输出时，是否有必要将输出立即展示给用户？这个问题的答案根据不同的程序而定。

例如，假设一个程序输出到终端，向终端前的用户提问，要求用户回答，那么为了让用户知道应该输入什么内容，程序输出应该即时地显示给用户。另一种情况是，假设一个程序输出到一个文件，然后输出到一个行式打印机，那么只要程序结果最后都全部输出到了目标（文件或打印机）就可以了。

程序输出有两种方式：一种是即时处理方式；另一种是先暂存起来，然后再大块写入的方式。前者往往造成较高的系统负担。因此，C 语言实现通常都允许程序员在进行实际的写操作之前控制产生的输出数据量。

这种控制能力一般是通过库函数 setbuf 实现的。如果 buf 是一个大小适当的字符数组，那么

```
setbuf(stdout, buf);
```

语句将通知输入/输出库，所有写入 stdout 的输出都应该使用 buf 作为输出缓冲区，直到 buf 缓冲区被填满或者程序员直接调用 fflush（译注：对于由写操作打开的文件，调用 fflush 将导致输出缓冲区的内容被实际地写入该文件），buf 缓冲区中的内容才实际写入 stdout 中。缓冲区的大小由系统头文件<stdio.h>中的 BUFSIZ 定义。

下面的程序的作用是把标准输入的内容复制到标准输出中，它演示了 setbuf 库函数最显而易见的用法：

```
#include <stdio.h>

main()
{
            int c;

            char buf[BUFSIZ];
            setbuf(stdout, buf);

            while ((c = getchar()) != EOF)
                    putchar(c);
}
```

遗憾的是，这个程序是错误的，仅仅是因为一个细微的原因。程序中对库函数 setbuf 的调用，通知了输入/输出库所有字符的标准输出应该首先缓存在 buf 中。要找到问题出自何处，我们不妨思考一下 buf 缓冲区最后一次被清空是在什么时候？答案是在 main 函数结束之后，在将控制权交回给操作系统之前，C

运行时库所必须进行的清理工作的一部分。但是，在此之前 buf 字符数组已经被释放！

有两种方法可以用来避免这种类型的错误。第一种办法是让缓冲数组成为静态数组，既可以直接显式声明 buf 为静态：

```
static char buf[BUFSIZ];
```

也可以把 buf 声明完全移到 main 函数之外。第二种办法是动态分配缓冲区，在程序中并不主动释放分配的缓冲区（由于缓冲区是动态分配的，因此 main 函数结束时并不会释放该缓冲区，这样 C 运行时库在进行清理工作时就不会发生缓冲区已释放的情况）：

```
char *malloc();
setbuf(stdout, malloc(BUFSIZ));
```

如果读者关心一些编程"小技巧"，也许会注意到这里其实并不需要检查 malloc 函数调用是否成功。如果 malloc 函数调用失败，将返回一个 null 指针。setbuf 函数的第二个参数取值可以为 null，此时标准输出不需要进行缓冲。在这种情况下，程序仍然能够工作，只不过速度较慢而已。

5.4　使用 errno 检测错误

很多库函数，特别是那些与操作系统有关的库函数，当执行失败时会通过一个名称为 errno 的外部变量，通知程序该函数调用失败。下面的代码利用这一特性进行错误处理，似乎再清楚明白不过，然而却是错误的：

```
/* 调用库函数 */
if (errno)
        /* 处理错误 */
```

出错的原因在于，在库函数调用没有失败的情况下，并没有强制要求库函数一定要设置 errno 为 0，这样 errno 的值就可能是前一个执行失败的库函数设置的值。下面的代码做了更正，似乎能够工作，但可惜还是错误的：

```
errno = 0;
```

```
/* 调用库函数 */
if (errno)
          /* 处理错误 */
```

库函数在调用成功时，既没有强制要求对 errno 清零，同时也没有禁止设置 errno。既然库函数已经调用成功，为什么还有可能设置 errno 呢？要理解这一点，我们不妨假想一下库函数 fopen 在调用时可能会发生什么情况。当 fopen 函数被要求新建一个文件以供程序输出时，如果已经存在一个同名文件，fopen 函数将先删除它，然后新建一个文件。这样，fopen 函数可能需要调用其他的库函数，以检测同名文件是否已经存在（假设用于检测文件的库函数在文件不存在时，会设置 errno。那么，fopen 函数每次新建一个事先并不存在的文件时，即使没有任何程序错误发生，也仍然可能设置 errno）。

因此，在调用库函数时，我们应该首先检测作为错误指示的返回值，确定程序执行已经失败，然后再检查 errno，来搞清楚出错原因：

```
/* 调用库函数*/
if (返回的错误值)
        检查 errno
```

5.5 库函数 signal

实际上所有的 C 语言实现中都包括 signal 库函数，将其作为捕获异步事件的一种方式。要使用该库函数，需要在源文件中加上

```
#include <signal.h>
```

以引入相关的声明。要处理一个特定的 signal（信号），可以这样调用 signal 函数：

```
signal(signal type, handler function);
```

这里的 signal type 代表系统头文件 signal.h 中定义的某些常量，这些常量用来标识 signal 函数将要捕获的信号类型。这里的 handler function 是当指定的事件发生时，将要加以调用的事件处理函数。

在许多 C 语言实现中，信号是真正意义上的“异步”。从理论上说，一个信

号可能在 C 程序执行期间的任何时刻发生。需要特别强调的是，信号甚至可能出现在某些复杂库函数（如 malloc）的执行过程中。因此，从安全的角度考虑，信号的处理函数不应该调用上述类型的库函数。

例如，假设 malloc 函数的执行过程被一个信号中断。此时，malloc 函数用来跟踪可用内存的数据结构很可能只有部分被更新。如果 signal 处理函数再调用 malloc 函数，结果可能是 malloc 函数用到的数据结构完全崩溃，后果不堪设想！

基于同样的原因，从 signal 处理函数中使用 longjmp 退出，通常情况下也是不安全的：因为信号可能发生在 malloc 或者其他库函数开始更新某个数据结构，但又没有最后完成的过程中。因此，signal 处理函数能够做的安全的事情，似乎就只有设置一个标志然后返回，期待以后主程序能够检查到这个标志，发现一个信号已经发生。

然而，就算这样做也并不总是安全的。当一个算术运算错误（例如溢出或者零作除数）引发一个信号时，某些机器在 signal 处理函数返回后还将重新执行失败的操作。而当这个算术运算重新执行时，我们并没有一个可移植的办法来改变操作数。在这种情况下，最可能的结果就是马上又引发一个同样的信号。因此，对于算术运算错误，signal 处理函数的唯一安全、可移植的操作就是打印一条出错消息，然后使用 longjmp 或 exit 立即退出程序。

由此，我们得到的结论是：信号非常复杂棘手，而且具有一些从本质上而言不可移植的特性。要解决这个问题，我们最好采取“守势”，让 signal 处理函数尽可能简单，并将它们组织在一起。这样，当需要适应一个新系统时，我们可以很容易地进行修改。

练习 5-1 当一个程序异常终止时，程序输出的最后几行常常会丢失，原因是什么？我们能够采取怎样的措施来解决这个问题？

练习 5-2 下面程序的作用是把它的输入复制到输出：

```
#include <stdio.h>
main()
{
        register int c;
```

```
        while ((c = getchar()) != EOF)
                putchar(c);
}
```

从这个程序中去掉#include 语句，将导致程序不能通过编译，因为这时 EOF 是未定义的。假定我们手工定义了 EOF（当然，这是一种不好的做法）：

```
#define EOF -1
main()
{
        register int c;

        while ((c = getchar()) != EOF)
              putchar(c);
}
```

这个程序在许多系统中仍然能够运行，但是在某些系统运行起来却慢得多。这是为什么？

第6章 预处理器

在严格意义上的编译过程开始之前，C 语言预处理器首先对程序代码做了必要的转换处理。因此，我们运行的程序实际上并不是我们所写的程序。预处理器使得编程人员可以简化某些工作，它的重要性可以用两个主要的原因说明（当然还有一些次要原因，此处就不赘述了）。

第一个原因是，我们也许会遇到这样的情况，即需要将某个特定数量（例如，某个数据表的大小）在程序中出现的所有实例统统加以修改。我们希望能够通过在程序中只改动一处数值，然后重新编译就可以实现。预处理器要做到这一点可以说是轻而易举，即使这个数值在程序中的很多地方出现。我们只需要将这个数值定义为一个显式常量（manifest constant），然后在程序中需要的地方使用这个常量即可。而且，预处理器还能够很容易地把所有常量定义都集中在一起，这样也可以轻松找到这些常量。

第二个原因是，大多数 C 语言实现在函数调用时都会带来重大的系统开销。因此，我们也许希望有这样一种程序块，即它看上去像一个函数，但却没有函数调用的开销。举例来说，getchar 和 putchar 经常被实现为宏，以避免在每次执行输入或者输出一个字符这样简单的操作时，都要调用相应的函数从而造成系统效率的下降。

虽然宏非常有用，但如果程序员没有认识到宏只是对程序的文本起作用，那么他们很容易对宏的作用感到迷惑。也就是说，宏提供了一种对组成 C 程序的字符进行变换的方式，而并不作用于程序中的对象。因而，宏既可以使一段看上去完全不合语法的代码成为一个有效的 C 程序，也能使一段看上去无害的代码成为一个可怕的怪物。

6.1　不能忽视宏定义中的空格

一个函数如果不带参数，在调用时只需在函数名后加上一对括号即可加以调用了。而一个宏如果不带参数，则只需要使用宏名即可，括号无关紧要。只要宏已经定义过了，就不会带来什么问题：预处理器从宏定义中就可以知道宏调用时是否需要参数。

与宏调用相比，宏定义显得有些"暗藏机关"。例如，下面的宏定义中 f 是否带了一个参数呢？

```
#define f (x) ((x)-1)
```

答案只可能有两种： f(x) 或者代表

```
((x)-1)
```

或者代表

```
(x)((x)-1)
```

在上述宏定义中，第二个答案是正确的，因为在 f 和后面的（x）之间多了一个空格！所以，如果希望定义 f(x) 为 ((x) – 1)，必须像下面这样写：

```
#define f(x) ((x)-1)
```

这一规则不适用于宏调用，而只适用于宏定义。因此，在上面完成宏定义后，f(3)与 f　(3)求值后都等于 2。

6.2　宏并不是函数

因为宏从表面上看其行为与函数非常相似，程序员有时会禁不住把两者视为完全等同。因此，我们常常可以看到类似下面的写法：

```
#define abs(x) (((x)>=0)?(x):-(x))
```

或者

```
#define max(a,b) ((a)>(b)?(a):(b))
```

请注意宏定义中出现的所有这些括号，它们的作用是预防引起与优先级有关的问题。例如，假设宏 abs 被定义成了这个样子：

```
#define abs(x) x>0?x:-x
```

让我们来看 abs(a-b)求值后会得到怎样的结果。表达式

```
abs(a-b)
```

会被展开为

```
a-b>0?a-b:-a-b
```

这里的子表达式-a-b 相当于(-a)-b，而不是我们期望的-(a-b)，因此上式无疑会得到一个错误的结果。因此，我们最好在宏定义中把每个参数都用括号括起来。同样，整个结果表达式也应该用括号括起来，以防止当宏用于一个更大一些的表达式时可能出现的问题。如果不这样，

```
abs(a)+1
```

展开后的结果为：

```
a>0?a:-a+1
```

这个表达式很显然是错误的，我们期望得到的是-a，而不是-a+1！abs 的正确定义应该是这样的：

```
#define abs(x) (((x)>=0)?(x):-(x))
```

这时，

```
abs(a-b)
```

才会被正确地展开为：

```
((a-b)>0?(a-b):-(a-b))
```

而

```
abs(a)+1
```

也会被正确地展开为：

```
((a)>0?(a):-(a))+1
```

即使宏定义中的各个参数与整个结果表达式都被括号括起来，也仍然可能存在其他问题，比如，一个操作数如果在两处被用到，就会被求值两次。例如，在表达式 max(a,b)中，如果 a 大于 b，那么 a 将被求值两次——第一次是在 a 与 b 比较期间，第二次是在计算 max 应该得到的结果值时。

这种做法不但效率低下，而且可能是错误的：

```
biggest = x[0];
i = 1;
while (i < n)
        biggest = max (biggest, x[i++]);
```

如果 max 是一个真正的函数，上面的代码可以正常工作；如果 max 是一个宏，那么就不能正常工作。要看清楚这一点，我们首先初始化数组 x 中的一些元素：

```
x[0] = 2;
x[1] = 3;
x[2] = 1;
```

然后考察在循环的第一次迭代时会发生什么。上面代码中的赋值语句将被扩展为：

```
biggest = ((biggest)>(x[i++])?(biggest):(x[i++]));
```

首先，变量 biggest 将与 x[i++]比较。因为 i 此时的值是 1，x[1]的值是 3，而变量 biggest 此时的值是 x[0]（即 2），所以关系运算的结果为 false（假）。这里，因为 i++的副作用，在比较后 i 递增为 2。

因为关系运算的结果为 false（假），所以 x[i++]的值将被赋给变量 biggest。然而，经过 i++的递增运算后，i 此时的值是 2。所以，实际上赋给变量 biggest 的值是 x[2]（即 1）。这时，又因为 i++的副作用，i 的值成为 3。

解决这类问题的一个办法是，确保宏 max 中的参数没有副作用：

```
biggest = x[0];
for (i = 1; i < n; i++)
```

```
        biggest = max (biggest, x[i]);
```

另一个办法是让 max 作为函数而不是宏，或者直接编写用来比较两数且取较大者的运算代码：

```
biggest = x[0];
for (i = 1; i < n; i++)
    if (x[i] > biggest)
            biggest = x[i];
```

下面是另外一个例子，其中因为混合了宏和递增运算的副作用，代码显得岌岌可危。这个例子是宏 putc 的一个典型定义：

```
#define putc(x,p) \
        (--(p)->_cnt>=0?(*(p)->_ptr++=(x)):_flsbuf(x,p))
```

宏 putc 的第一个参数是将要写入文件的字符，第二个参数是一个指针，指向一个用于描述文件的内部数据结构。请注意这里的第一个参数 x，它极有可能是类似于*z++这样的表达式。尽管 x 在宏 putc 的定义中两个不同的地方出现了两次，但是因为这两次出现的地方是在运算符:的两侧，所以 x 只会被求值一次。

第二个参数 p 则恰恰相反，它代表将要写入字符的文件，总是会被求值两次。因为文件参数 p 一般不需要作递增递减之类有副作用的操作，所以这很少引起麻烦。不过，ANSI C 标准还是提出了警告：putc 的第二个参数可能会被求值两次。某些 C 语言实现对宏 putc 的定义也许不会像上面的定义那样小心翼翼，putc 的第一个参数很可能被不止一次求值，这样的实现是可能的。编程人员在给 putc 一个可能有副作用的参数时，应该考虑一下正在使用的 C 语言实现是否足够周密。

再举一个例子，考虑许多 C 库文件中都有的 toupper 函数，该函数的作用是将所有小写字母转换为相应的大写字母，而其他的字符则保持原状。如果我们假定所有小写字母和所有大写字母在机器字符集中都是连续排列的（在大小写字母之间可能有一个固定的间隔），那么我们可以这样实现 toupper 函数：

```
toupper(int c)
```

```
{
        if (c >= 'a' && c <= 'z')
                c += 'A' ?'a';
        return c;
}
```

在大多数 C 语言实现中，toupper 函数在调用时造成的系统开销要远远大于函数体内的实际计算操作。因此，编程人员很可能禁不住要把 toupper 实现为宏：

```
#define toupper(c)\
        ((c)>='a' && (c)<='z'? (c)+('A'?a'): (c))
```

在许多情况下，这样做确实比把 toupper 实现为函数要快得多。然而，如果编程人员试图这样使用

```
toupper(*p++)
```

则最后的结果会让所有人都大吃一惊！

使用宏的另一个危险是，宏展开可能产生非常庞大的表达式，占用的空间会远远超过编程人员所期望的空间。例如，让我们再看宏 max 的定义：

```
#define max(a,b) ((a)>(b)?(a):(b))
```

假定我们需要使用上面定义的宏 max，来找到 a、b、c、d 这 4 个数中的最大者，最显而易见的写法是：

```
max(a,max(b,max(c,d)))
```

上面的式子展开后就是：

```
((a)>(((b)>(((c)>(d)?(c):(d)))?(b):(((c)>(d)?(c):(d)))))?
 (a):(((b)>(((c)>(d)?(c):(d)))?(b):(((c)>(d)?(c):(d))))))
```

确实，这个式子太长了！如果我们调整一下，使上式中操作数左右平衡：

```
max(max(a,b),max(c,d))
```

现在这个式子展开后还是较长：

```
((((a)>(b)?(a):(b)))>(((c)>(d)?(c):(d)))?
 (((a)>(b)?(a):(b))):(((c)>(d)?(c):(d))))
```

其实，写成以下代码似乎更容易一些：

```
biggest = a;
if (biggest < b) biggest = b;
if (biggest < c) biggest = c;
if (biggest < d) biggest = d;
```

6.3 宏并不是语句

编程人员有时在定义宏时，试图让其行为与语句类似，但这样做的实际困难往往令人吃惊！举例来说，考虑一下 assert 宏，它的参数是一个表达式，如果该表达式为 0，就使程序终止执行，并给出一条适当的出错消息。把 assert 作为宏来处理，这样就使得我们可以在出错信息中包含文件名和断言失败处的行号。也就是说，

```
assert(x>y);
```

在 x 大于 y 时什么也不做，在其他情况下则会终止程序。

下面是我们定义 assert 宏的第一次尝试：

```
#define assert(e) if (!e) assert_error(__FILE__,__LINE__)
```

因为考虑到宏 assert 的使用人员会加上一个分号，所以在宏定义中并没有包括分号。__FILE__和__LINE__是内建于 C 语言预处理器中的宏，它们会被扩展为所在文件的文件名和所处代码行的行号。

宏 assert 的这个定义，即使用在一个再明白不过的情形中，也会有一些难于察觉的错误：

```
if (x > 0 && y > 0)
        assert(x > y);
else
        assert(y > x);
```

上面的写法似乎很合理，但是它展开之后就是这个样子：

```
if (x > 0 && y > 0)
```

```
        if(!(x > y)) assert_error("foo.c", 37);
else
        if(!(y > x)) assert_error("foo.c", 39);
```

把上面的代码做适当的缩排处理，我们就能够看清它实际的流程结构与我们期望的结构有怎样的区别：

```
if (x > 0 && y > 0)
        if(!(x > y))
                assert_error("foo.c", 37);
        else
                if(!(y > x))
                        assert_error("foo.c", 39);
```

读者也许会想到，在宏 assert 的定义中用大括号把宏体整个给括起来，就能避免这样的问题产生：

```
#define assert(e)\
        { if (!e) assert_error(__FILE__,__LINE__); }
```

然而，这样做又带来了一个新的问题。我们上面提到的例子展开后就成了：

```
if (x > 0 && y > 0)
        { if(!(x > y)) assert_error("foo.c", 37);};
else
        { if(!(y > x)) assert_error("foo.c", 39);};
```

在 else 之前的分号是一个语法错误。要解决这个问题，一个办法是对 assert 的调用在后面都不再跟一个分号，但这样的用法显得有些“怪异”：

```
y = distance(p, q);
assert(y > 0)
x = sqrt(y);
```

宏 assert 的正确定义很不直观，这个定义看起来类似一个表达式，不是类似于一个语句：

```
#define assert(e) \
        ((void)((e)||_assert_error(__FILE__,__LINE__)))
```

这个定义实际上利用了||运算符对两侧的操作数依次顺序求值的性质。如果 e 为 true（真），表达式

```
(void)((e)||_assert_error(__FILE__,__LINE__))
```

的值在没有求出其右侧表达式

```
_assert_error(__FILE__,__LINE__))
```

的值的情况下就可以确定最终的结果为真。如果 e 为 false（假），右侧表达式

```
_assert_error(__FILE__,__LINE__))
```

的值必须求出，此时_assert_error 将被调用，并打印出一条恰当的“断言失败”的出错消息。

6.4 宏并不是类型定义

宏的一个常见用途是，使多个不同变量的类型可在一个地方说明：

```
#define FOOTYPE struct foo
FOOTYPE a;
FOOTYPE b,c;
```

这样，编程人员只需在程序中改动一行代码，即可改变 a、b、c 的类型，而与 a、b、c 在程序的什么地方声明无关。

宏定义的这种用法有一个优点——可移植性，得到了所有 C 编译器的支持。但是，我们最好还是使用类型定义：

```
typedef struct foo FOOTYPE;
```

这个语句定义了 FOOTYPE 为一个新的类型，与 struct foo 完全等效。

这两种命名类型的方式似乎都差不多，但是使用 typedef 的方式要更加通用一些。例如，考虑下面的代码：

```
#define T1 struct foo *
typedef struct foo *T2;
```

从上面两个定义来看，T1 和 T2 从概念上完全相同，都是指向结构 foo 的指针。但是，当我们试图用它们来声明多个变量时，问题就来了：

```
T1 a, b;
T2 c, d;
```

第一个声明被扩展为：

```
struct foo * a, b;
```

在这个语句中，a 被定义为一个指向结构的指针，而 b 却被定义为一个结构（而不是指针）。第二个声明则不同，它将 c 和 d 定义为指向结构的指针，因为这里 T2 的行为完全与一个真实的类型相同。

练习 6-1 请使用宏来实现 max 的一个版本，其中 max 的参数都是整数，要求在宏 max 的定义中这些整型参数只被求值一次。

练习 6-2 6.1 节提到的“表达式”

```
(x) ((x)-1)
```

能否成为一个合法的 C 表达式？

第7章

可移植性缺陷

C 语言在许多不同的系统平台上都有实现。的确，使用 C 语言编写程序的一个首要原因就是，C 程序能够方便地在不同的编程环境中移植。

然而，由于 C 语言实现是如此之多，各个实现之间有着或多或少的细微差别，以致于没有两个实现是完全相同的。即使是写得最早的两个 C 语言编译器，它们之间也有着很大区别。此外，不同的系统有不同的需求，因此我们应该能够料到，机器不同则其上的 C 语言实现也有细微差别。ANSI C 标准的发布能够在一定程度上解决问题，但并不是万应灵药。

早期的 C 语言实现都由一个共同的“祖先”发展而来，因此在这些实现中许多 C 库函数是由这个共同“祖先”形成的。此后人们开始在不同的操作系统上实现 C，他们仍然试图使 C 库函数的行为方式与早期程序中所使用的库函数保持一致。

这种尝试并不总是成功的。而且，随着世界各地越来越多的人开始在不同的 C 语言实现上工作，某些库函数的性质几乎注定要发生分化。今天，一个 C 程序员如果希望自己写的程序在另一个编程环境也能够工作，他就必须掌握许多这类细小的差别。

因而，可移植性是一个涵盖范围非常宽泛的主题。从这个主题通常的形式来看，它大大超出了本书论述的范围。Mark Horton 在他的著作 *How to Write Portable Software in C* 中详细地讨论了这个主题。本章要讨论的只是少数几个最常见的错误来源，而且是将重点放在语言的属性上，而不是在函数库的属性上。

7.1 应对 C 语言标准变更

我在写作本书的时候，ANSI 委员会关于最新的 C 语言标准的工作也接近尾声了。这个标准包括了许多新的语言概念，这些概念在目前的 C 编译器中并不是普遍地得到了支持。而且，即使我们可以合理地假设 C 编译器销售商会逐渐向 ANSI C 标准靠拢，显然所有的 C 语言用户并不会马上升级他们的编译器。新的编译器花费不菲，而且安装也费时费力。只要编译器还能工作，为什么要替换它呢？

这种语言标准的变更使得 C 程序的编写人员面临一个两难境地：程序中是否应该用到新的特性呢？如果使用它们，程序无疑更加容易编写，而且不大容易出错；但是那样做也有代价，那就是这些程序在较早的编译器上将无法工作。

4.4 节讨论了这样一类例子：函数原型的概念。让我们回想一下 4.4 节中提到的 square 函数：

```
double
square(double x)
{
        return x*x;
}
```

如果这样写，这个函数在很多编译器上都不能通过编译。如果我们按照旧风格来重写这个函数，这就增强了它的可移植性，原因是 ANSI 标准为了保持和以前的用法兼容，允许使用这种形式：

```
double
square(x)
        double x;
{
        return x*x;
}
```

这种可移植性的获得当然也付出了代价。为了与旧用法保持一致，我们必须在调用了 square 函数的程序中作如下声明：

```
double square();
```

函数声明中略去参数类型的说明，这在 ANSI C 标准中也是合法的。因为这样的声明并没有对参数类型做出任何说明，这意味着如果在函数调用时传入了错误类型的参数，函数调用就会不声不响地失败：

```
double square();

main()
{
        printf("%g\n", square(3));
}
```

函数 square 的声明中并没有对参数类型做出说明，因此在编译 main 函数时，编译器无法得知函数 square 的参数类型应该是 double，而不是 int。这样，程序打印出的将是一堆“垃圾信息”。要检测这类问题，有一个办法就是使用第 4 章开篇中提到的 lint 程序，前提是编程人员的 C 语言实现提供了这一工具。

如果上面的程序被写成了这样：

```
double square(double);

main()
{
        printf("%g\n", square(3));
}
```

这里，3 会被自动转换为 double 类型。另一种改写方式是，在这个程序中显式地给函数 square 传入一个 double 类型的参数：

```
double square();

main()
{
```

```
    printf("%g\n", square(3.0));
}
```

这样做程序就能得到正确的结果。即使对于那些不允许在函数声明中包括参数类型的旧编译器，第二种写法也仍然能够使程序照常工作。

许多有关可移植性的决策都有类似的特点。一个程序员是否应该使用某个新的或特定的特性？使用该特性也许能给编程带来巨大的方便，代价却是使程序失去了一部分潜在用户。

这个问题确实难于回答。程序的生命期往往超过了编程人员最初的预期，即使这个程序只是编程人员出于自用的目的而编写的。因此，我们不能只看到当前的需要，而忽视未来可能的需要。然而，我们从上面的例子中已经看到：为了尽量增加程序的可移植性，让过去的工具能够继续工作，而放弃现在可能的收益，这种代价又未免过于昂贵。要解决这类有关决定的问题，最好的做法也许就是承认我们需要下定决心才能做出选择，因此必须慎重对待，不能等闲视之。

7.2　标识符名称的限制

某些 C 语言实现把一个标识符中出现的所有字符都当作有效字符处理，而另一些 C 实现却会自动地截断一个长标识符名称的尾部。链接器也会对它们能够处理的名称强加限制，例如外部名称中只允许使用大写字母。C 实现人员在面对这样的限制时，一个合理的选择就是强制所有外部名称必须是大写。事实上，ANSI C 标准所能保证的只是，C 实现必须能够区别出前 6 个字符不同的外部名称。而且这个定义中并没有区分大写字母和相应的小写字母。

因为这个原因，为了保证程序的可移植性，要谨慎地选择外部标识符的名称，这很重要。比如，两个函数的名称分别为 print_fields 与 print_float，这样的命名方式就不恰当；同理，使用 State 与 STATE 这样的命名方式也不明智。

下面这个例子多少有些让人吃惊，考虑以下函数：

```
char *
Malloc(unsigned n)
{
        char *p, *malloc(unsigned);
         p = malloc(n);
        if (p == NULL)
                panic("out of memory");
         return p;
}
```

上面的例子程序演示了一个能确保检测到内存耗尽的简单办法。编程人员的想法是，在程序中应该调用 malloc 函数分配内存的地方，改为调用 Malloc 函数。如果 malloc 函数调用失败，则将调用 panic 函数，用来终止程序，并打印出一条恰当的出错消息。这样，客户程序就不必在每次调用 malloc 函数时都要进行检查。

然而，如果这个函数的编译环境是不区分外部名称大小写的 C 语言实现，将会发生怎样的情况呢？此时，函数 malloc 与 Malloc 实际上是等同的。也就是说，库函数 malloc 将被上面的 Malloc 函数等效替换。当在 Malloc 函数中调用库函数 malloc 时，实际上调用的却是 Malloc 函数自身！当然，尽管函数 Malloc 在那些区分大小写的 C 语言实现上仍然能够正常工作，但在这种情况下结果却是：程序在第一次试图分配内存时，对 Malloc 函数的调用将引起一系列的递归调用，而这些递归调用又不存在一个返回点，最后引发灾难性的后果！

7.3 整数的大小

C 语言为编程人员提供了 3 种不同长度的整数：short 型、int 型和 long 型，C 语言中的字符行为方式与小整数相似。C 语言的定义中对各种不同类型整数的相对长度做了一些规定。

1. 这 3 种类型的整数的长度是非递减的。也就是说，short 型整数容纳的值肯定能够被 int 型整数容纳，int 型整数容纳的值也肯定能够被 long 型整数容纳。对于一个特定的 C 语言实现来说，并不需要实际支持这 3 种不同长度的整数，但不可能让 short 型整数大于 int 型整数，也不可能让 int 型整数大于 long 型整数。

2．一个普通（int 类型）整数足以容纳任何数组下标。

3．字符长度由硬件特性决定。

现代大多数机器的字符长度是 8 位，也有一些机器的字符长度是 9 位。然而，现在越来越多的 C 语言实现中的字符长度都是 16 位，从而能够处理诸如日语之类的语言的大字符集。

ANSI 标准要求 long 型整数的长度至少应该是 32 位，而 short 型和 int 型整数的长度至少应该是 16 位。因为大多数机器中的字符长度是 8 位，对这些机器而言，最方便的整数长度是 16 位和 32 位，因此所有早期的 C 编译器也都能满足这些限制条件。

这些对编程实践有什么意义呢？最重要的一点就是在这方面我们不能指望有任何可用的精度。在非正式的情况下，我们可以说 short 型和 int 型整数（普通整数）是 16 位，long 型整数是 32 位，但即使是这些长度也是不能保证的。程序员当然可以用一个 int 型整数来表示一个数据表格的大小或者数组的下标。但如果一个变量需要存放千万数量级的数值，又该如何呢？

要定义这样一个变量，可移植性最好的办法就是声明该变量为 long 型，但在这种情况下我们定义一个“新的”类型无疑更为清晰：

```
typedef long tenmil;
```

而且，程序员可以用这个新类型来声明所有此类变量，最坏的情形也不过是我们只需要改动类型定义，所有这些变量的类型就自动变为正确的了。

7.4 字符是有符号整数还是无符号整数

现代大多数计算机都支持 8 位字符，因此大多数现代 C 编译器都把字符实现为 8 位整数。然而，并非所有的编译器都按照同样的方式来解释这些 8 位数值。

只有在我们需要把一个字符值转换为一个较大的整数时，这个问题才变得重要起来。而在其他情况下，结果都是已定义的：多余的位将被简单地"丢弃"。编译器在转换 char 类型到 int 类型时，需要做出选择：应该将字符作为有符号数处理，还是应该将字符作为无符号数处理？如果是前一种情况，编译器在将 char 类型的数扩展到 int 类型时，应该同时复制符号位；而如果是后一种情况，编译器只需在多余的位上直接填充 0 即可。

如果一个字符的最高位是 1，编译器是将该字符当作有符号数，还是无符号数呢？对于任何一个需要处理该字符的程序员来说，上述选择的结果非常重要。它决定着一个 8 位字符的取值范围是–128～127，还是 0～255。而这一点又反过来影响到程序员对哈希表或转换表等的设计方式。

如果编程人员关注一个最高位是 1 的字符其数值究竟是正还是负，则应该将这个字符声明为无符号字符（unsigned char）。这样，无论是什么编译器，在将该字符转换为整数时，都只需将多余的位填充为 0 即可。而如果声明为一般的字符变量，那么在某些编译器上可能会作为有符号数处理，在另一些编译器上又会作为无符号数处理。

与此相关的一个常见错误认识是：如果 c 是一个字符变量，使用(unsigned) c 就可得到与 c 等价的无符号整数。这是会失败的，因为在将字符 c 转换为无符号整数时，c 将首先被转换为 int 型整数，而此时可能得到非预期的结果。

正确的方式是使用语句(unsigned char) c，因为一个 unsigned char 类型的字符在转换为无符号整数时无须首先转换为 int 型整数，而是直接进行转换。

7.5　移位运算符

使用移位运算符的程序员经常对以下两个问题感到困惑。

1．在向右移位时，空出的位是由 0 填充，还是由符号位的副本填充？

2．移位计数（即移位操作的位数）允许的取值范围是什么？

第一个问题的答案很简单，但有时却是与具体的 C 语言实现有关。如果被移位的对象是无符号数，那么空出的位将被 0 填充。如果被移位的对象是有符号数，那么 C 语言实现既可以用 0 填充空出的位，也可以用符号位的副本填充空出的位。编程人员如果关注向右移位时空出的位，那么可以将操作的变量声明为无符号类型，那么空出的位都会被设置为 0。

第二个问题的答案同样也很简单：如果被移位的对象长度是 n 位，那么移位计数必须大于或等于 0，而严格小于 n。因此，不可能做到在单次操作中将某个数值中的所有位都移出。为什么要有这个限制呢？因为只要加上了这个限制条件，我们就能够在硬件上高效地实现移位运算。

举例来说，如果一个 int 型整数是 32 位，n 是一个 int 型整数，那么 n<<31 和 n<<0 这样写是合法的，而 n<<32 和 n<<-1 这样写是非法的。

需要注意的是，即使 C 实现将符号位复制到空出的位中，有符号整数的向右移位运算也并不等同于除以 2 的某次幂。要证明这一点，让我们考虑(-1)>>1，这个操作的结果一般不可能为 0，但是(-1)/2 在大多数 C 实现上的求值结果都是 0。这意味着以除法运算来代替移位运算，将可能导致程序运行速度大大减慢。举例来说，如果已知下面表达式中的 low+high 为非负，那么

```
mid = (low + high) >> 1;
```

与下式

```
mid = (low + high) / 2;
```

完全等效，而且前者的执行速度也要快得多。

7.6　内存位置 0

null 指针并不指向任何对象。因此，除非是用于赋值或比较运算，出于其他任何目的的使用 null 指针都是非法的。例如，如果 p 或 q 是一个 null 指针，那么 strcmp(p, q)的值就是未定义的。

在这种情况下究竟会得到什么结果呢？不同的编译器有不同的结果。某些 C 语言实现对内存位置 0 强加了硬件级的读保护，在其上工作的程序如果错误使用了一个 null 指针，将立即终止执行。其他一些 C 语言实现对内存位置 0 只允许

读，不允许写。在这种情况下，一个 null 指针似乎指向的是某个字符串，但其内容通常不过是一堆“垃圾信息”。还有一些 C 语言实现对内存位置 0 既允许读，也允许写。在这种实现上面工作的程序如果错误使用了一个 null 指针，则很可能覆盖操作系统的部分内容，造成彻底的灾难！

严格说来，这并非一个可移植性问题：在所有的 C 程序中，误用 null 指针的效果都是未定义的。然而，这样的程序有可能在某个 C 语言实现上“似乎”能够工作，只有当该程序转移到另一台机器上运行时问题才会暴露出来。

要检查出这类问题的最简单办法就是，把程序移到不允许读取内存位置 0 的机器上运行。下面的程序将揭示出某个 C 语言实现是如何处理内存地址 0 的：

```
#include <stdio.h>

main()
{
        char *p;
        p = NULL;
        printf("Location 0 contains %d\n", *p);
}
```

在禁止读取内存地址 0 的机器上，这个程序将会执行失败。在其他机器上，这个程序将会以十进制的格式打印出内存位置 0 中存储的字符内容。

7.7 除法运算时发生的截断

假定我们让 a 除以 b，商为 q，余数为 r ：

```
q = a / b;
r = a % b;
```

这里，不妨假定 b 大于 0。

我们希望 a、b、q、r 之间维持怎样的关系呢？

1. 最重要的一点，我们希望 q*b + r == a，因为这是定义余数的关系。

2. 如果我们改变 a 的正负号，我们希望这会改变 q 的符号，但这不会改变 q 的绝对值。

3. 当 b>0 时，我们希望保证 r>=0 且 r<b。例如，如果余数用于哈希表的索引，确保它是一个有效的索引值很重要。

这 3 条性质是我们认为整数除法和余数操作所应该具备的。很不幸的是，它们不可能同时成立。

考虑一个简单的例子：3/2，商为 1，余数也为 1。此时，第 1 条性质得到了满足。(-3)/2 的值应该是多少呢？如果要满足第 2 条性质，答案应该是-1，但如果是这样，余数就必定是-1，这样第 3 条性质就无法满足了。如果我们首先满足第 3 条性质，即余数是 1，这种情况下根据第 1 条性质则商是-2，那么第 2 条性质又无法满足了。

因此，C 语言或者其他语言在实现整数除法截断运算时，必须放弃上述 3 条原则中的至少一条。大多数程序设计语言选择了放弃第 3 条，而改为要求余数与被除数的正负号相同。这样，第 1 条性质和第 2 条性质就可以得到满足。大多数 C 编译器在实践中也都是这样做的。

然而，C 语言的定义只保证了第 1 条性质，以及当 a>=0 且 b>0 时，保证|r|<|b|以及 r>=0。后面部分的保证与第 2 条性质或者第 3 条性质比较起来，限制性要弱得多。

C 语言的定义虽然有时候会带来不需要的灵活性，但大多数时候，只要编程人员清楚地知道要做什么、该做什么，这个定义对于让整数除法运算满足其需要来说还是够用的。例如，假定我们有一个数 n，它代表标识符中的字符经过某种函数运算后的结果，我们希望通过除法运算得到哈希表的条目 h，满足 0<=h<HASHSIZE。又如果已知 n 恒为非负，那么我们只需要像下面一样简单地写：

```
h = n % HASHSIZE;
```

然而，如果 n 有可能为负数，而此时 h 也有可能为负，那么这样做就不一定总是合适的了。不过，我们已知 h>-HASHSIZE，因此可以这样写：

```
h = n % HASHSIZE;
if (h < 0)
        h += HASHSIZE;
```

更好的做法是，程序在设计时就应该避免 n 的值为负这样的情形，并且声明 n 为无符号数。

7.8 随机数的大小

最早的 C 语言实现运行于 PDP-11 计算机上，它提供了一个称为 rand 的函数，该函数的作用是产生一个（伪）随机非负整数。PDP-11 计算机上的整数长度为 16 位（包括了符号位），因此 rand 函数将返回一个介于 0 和 $2^{15}-1$ 之间的整数。

当在 VAX-11 计算机上实现 C 语言时，因为这种计算机上整数的长度为 32 位，这就带来了一个实现方面的问题：VAX-11 计算机上 rand 函数的返回值范围应该是多少呢？

当时有两组人员同时分别在 VAX-11 计算机上实现 C 语言，他们做出的选择互不相同。一组人员在加州大学伯克利分校，他们认为 rand 函数的返回值范围应该包括该计算机上所有可能的非负整数取值，因此他们设计的 rand 函数版本返回一个介于 0 和 $2^{31}-1$ 的整数。

另一组人员在 AT&T，他们认为如果 VAX-11 计算机上的 rand 函数返回值范围与 PDP-11 计算机上的一样，即介于 0 和 $2^{15}-1$ 之间的整数，那么在 PDP-11 计算机上写的程序就能够较为容易地移植到 VAX-11 计算机上。

这样造成的后果是，如果我们的程序中用到了 rand 函数，在移植时就必须根据特定的 C 语言实现做出“剪裁”。ANSI C 标准中定义了一个常数 RAND_MAX，它的值等于随机数的最大取值，但是早期的 C 实现通常都没有包含这个常数。

7.9 大小写转换

库函数 toupper 和 tolower 也有与随机数类似的历史。它们起初被实现为宏：

```
#define toupper(c) ((c)+'A'-'a')
#define tolower(c) ((c)+'a'-'A')
```

当给定一个小写字母作为输入时，toupper 将返回对应的大写字母；而 tolower 的作用正好相反。这两个宏都依赖于特定实现中字符集的性质，即需要所有的大写字母与相应的小写字母之间的差值是一个常量。这个假定对 ASCII 字符集和 EBCDIC 字符集来说都是成立的。而且，因为这些宏定义不能移植，且这些宏定义都被封装在一个文件中，所以这个假定也并不那么危险。

然而，这些宏确实有一个不足之处：如果输入的字母大小写不对，那么它们返回的就都是无用的垃圾信息。考虑下面的程序段，其作用是把一个文件中的大写字母全部转换为小写字母，这个程序段看上去没什么问题，但实际上却无法工作：

```
int c;
while ((c = getchar()) != EOF)
        putchar (tolower (c));
```

我们应该写成这样才对：

```
int c;
while ((c = getchar()) != EOF)
    putchar (isupper (c)? tolower (c): c);
```

有一次，AT&T 软件开发部门的一个极具创新精神的人注意到，大多数 toupper 和 tolower 的使用都需要首先进行检查以保证参数是合适的。慎重考虑之后，他决定把这些宏重写如下：

```
#define toupper(c) ((c) >= 'a' && (c) <= 'z'? (c) + 'A' - 'a': (c))
#define tolower(c) ((c) >= 'A' && (c) <= 'Z'? (c) + 'a' - 'A': (c))
```

他又意识到这样做有可能在每次宏调用时，致使 c 被求值 1 到 3 次。如果遇到类似 toupper(*p++)这样的表达式，可能会造成不良后果。因此，他决定将 toupper 和 tolower 重写为函数。重写后的 toupper 函数看上去大致像下面这样：

```
int
toupper (int c)
{
```

```
        if (c >= 'a' && c <= 'z')
                return c + 'A' -'a';
        return c;
}
```

重写后的 tolower 函数也与此类似。

这样改动之后，程序的健壮性无疑得到了增强，而代价是每次使用这些函数时又引入了函数调用的开销。他意识到某些人也许不愿意付出效率损失的代价，于是又重新引入了这些宏，不过使用了新的宏名：

```
#define _toupper(c) ((c)+'A'-'a')
#define _tolower(c) ((c)+'a'-'A')
```

这样，宏的使用人员就可以在速度与方便之间自由选择了。

这里还有一个问题，那就是加州大学伯克利分校的那组人员以及某些其他的 C 语言实现人员，他们不会照这样实现大小写的转换。这意味着，在 AT&T 的系统上我们编写使用了 toupper 和 tolower 的程序时，不必担心传入一个大小写不合适的字母作为参数，但在其他一些 C 语言实现上，程序却有可能无法运行。如果编程人员不了解这段历史，要跟踪这类程序失败就很困难。

7.10　首先释放，然后重新分配

大多数 C 语言实现都为使用人员提供了 3 个内存分配函数：malloc、realloc 和 free。调用 malloc(n)将返回一个指针，指向一块新分配的可以容纳 n 个字符的内存，编程人员可以使用这块内存。把 malloc 函数返回的指针作为参数传入给 free 函数，就释放了这块内存，这样就可以重新利用它了。调用 realloc 函数时，需要把指向一块已分配内存的区域指针以及这块内存新的大小作为参数传入，就可以调整（扩大或缩小）这块内存区域为新的大小，这个过程中有可能涉及内存的复制。

凡事皆有例外。UNIX 系统参考手册第 7 版中描述的 realloc 函数的行为，与上面所讲就略有不同：

realloc 函数把指针 ptr 所指向内存块的大小调整为 size 字节，返回一个指向调整后内存块（可能该内存块已经被移动过了）的指针。假定这块内存原来大小为 oldsize，新的大小为 newsize，这两个数之间的较小者为 min(oldsize, newsize)，那么内存块中 min(oldsize, newsize)部分存储的内容将保持不变。

如果 ptr 指向的是一块最近一次调用 malloc、realloc 或 calloc 分配的内存，即使这块内存已被释放，realloc 函数仍然可以工作。因此，可以通过调节 free、malloc 和 realloc 的调用顺序，充分利用 malloc 函数的搜索策略来压缩存储空间。

也就是说，这一实现允许在某内存块被释放之后重新分配其大小，前提是内存重分配（reallocation）操作执行得必须足够早。因此，在符合第 7 版参考手册描述的系统中，下面的代码就是合法的：

```
free (p);
p = realloc (p, newsize);
```

在一个有这样特殊性质的系统中，我们可以用下面这个多少有些“怪异”的办法，来释放一个链表中的所有元素：

```
for (p = head; p != NULL; p = p->next)
        free ((char *) p);
```

这里，我们不必担心调用 free 之后，会使 p->next 变得无效。

当然，这种技巧不值得推荐，因为并非所有的 C 实现在某块内存被释放后还能较长时间地保留。不过，第 7 版参考手册还有一点没有提到：早期的 realloc 函数的实现要求待重新分配的内存区域必须首先被释放。因为这个原因，仍然还有一些较老的 C 程序是首先释放某块内存，然后再重新分配这块内存。当移植这样一个较老的 C 程序到一个新的实现中时，我们必须注意到这一点。

7.11　可移植性问题的一个例子

让我们来看这样一个问题，这个问题许多人都遇到过，也被解决过许多次，因此非常具有代表性。下面的程序接受两个参数：一个 long 型整数和一个函数指针。这段程序的作用是把给出的 long 型整数转换为其十进制表示，并且对十进制表示中的每个字符都调用函数指针所指向的函数：

```
void
printnum (long n, void (*p)())
{
        if (n < 0) {
                (*p) ('-');
                n = -n;
        }
        if (n >= 10)
                printnum (n/10, p);
        (*p) ((int)(n % 10) + '0');
}
```

这段程序写得非常明白直接。首先，我们检查 n 是否为负；如果是负数，就打印出一个负号，然后让 n 反号，即-n。接着，我们检查 n 是否大于等于 10；如果是，那么 n 的十进制表示要包含两个或两个以上的数字，然后我们递归调用 printnum 函数打印出 n 的十进制表示中除最后一位以外的所有数字。最后，我们打印出 n 的十进制表示中的末位数字。为了使*p 能够处理正确参数类型，这里把表达式 n%10 的类型转换为 int 类型。这一点在 ANSI C 标准中其实并不必要，之所以进行类型转换，主要是为了避免某些人可能只是简单地改写一下 printnum 的函数头，就将程序移植到早期的 C 实现上。

> 注：本书是在作者 1985 年发表的一篇技术报告的基础上发展而来，当时那篇报告中函数 printnum 最后一个语句的写法是：
>
> `(*p) (n % 10 + '0');`
>
> 只有在那些 int 型和 long 型整数的内部表示相同的机器上，这种写法才是有效的。

这个程序尽管简单，却存在几个可移植性方面的问题。第一个问题出在该程序把 n 的十进制表示的末位数字转换为字符形式时所用的方法上。通过 n%10 来得到末位数字的值，这一点没有什么问题；但是给它加上'0'来得到对应的字符表示却不一定合适。程序中的加法操作实际上假定了在机器的字符集中数字是顺序排列且没有间隔的，这样才有 '0' + 5 的值与 '5' 的值相同，依次类推。这种假定对 ASCII 字符集和 EBCDIC 字符集是正确的，对符合 ANSI 的 C 实现也是正确的，但对某些机器却有可能出错。要避免这个问题，解决办法是使用一张代表数字的字符表。因为一个字符串常量可以用来表示一个字符数组，所以在数组名出现的地方都可以用字符串常量来替换。下面例子中 printnum 函数的这个表达式虽然有些令人吃惊，却是合法的：

```
"0123456789"[n % 10]
```

我们把前面的程序进行如下改写，就解决了第一个可移植性问题：

```
void
printnum (long n, void (*p)())
{
        if (n < 0) {
            (*p) ('-');
            n =-n;
        }
        if (n >= 10)
              printnum (n/10, p);
        (*p) ("0123456789"[n % 10]);
}
```

第二个问题与 n<0 时的情形有关。上面的程序首先打印出一个负号，然后把 n 设置为-n。这个赋值操作有可能发生溢出，因为基于 2 的补码的计算机一般允许表示的负数取值范围要大于正数的取值范围。具体来说，就是如果一个 long 型整数有 k 位以及一个符号位，该 long 型整数能够表示-2^k却不能表示 2^k。

要解决这个问题，有好几种办法。最明显的一种办法是把-n 赋给一个 unsigned long 型的变量，然后对这个变量进行操作。但是，我们不能对-n 求值，因为这样做将引起溢出！

无论是对基于 1 的补码还是基于 2 的补码（1's complement and 2's complement）的机器，改变一个正整数的符号都可以确保不会发生溢出。唯一的麻烦来自于改变一个负数的符号时。因此，如果我们能够保证不将 n 转换为对应的正数，那么就能避免这一问题。

> 译注：有符号整数的二进制表示可以分为 3 个部分，分别是符号位（sign bit）、值位（value bit）和补齐位（padding bit）。补齐位只是填满空白位置，没有什么意义。当符号位是 1 时表示负数，根据符号位所代表数值的不同，分为 one's comlement 和 two's complement。假设值位共有 N 位，则
>
> （1）one's complement：二进制表示的下限$-(2^N-1)$；
>
> （2）two's complement：二进制表示的下限$-(2^N)$。

我们当然可以用同样的方式来处理正数和负数，只不过 n 为负数时需要打印出一个负号。要做到这一点，程序在打印负号之后强制 n 为负数，并且让所有的算术运算都是针对负数进行的。也就是说，我们必须保证打印负号的操作所对应的程序只被执行一次，最简单的办法就是把程序分解为两个函数。现在，printnum 函数只检查 n 是否为负，如果是就打印一个负号。无论 n 为正为负，printnum 函数都将调用 printneg 函数，以 n 的绝对值的相反数为参数。这样，printneg 函数就满足了 n 总为负数或零的条件：

```
void
printneg (long n, void (*p)())
{
        if (n<=-10)
                printneg (n/10, p);
        (*p) ("0123456789"[-(n % 10)]);
}

void
printnum (long n, void (*p)())
{

         if (n < 0) {
                (*p) ('-');
                printneg (n, p);
    } else
                printneg (-n, p);
}
```

这样写在可移植性方面还是有问题。我们曾经在程序中使用 n/10 和 n%10 来分别表示 n 的首位数字与末位数字，当然还需要适当改变符号。回忆一下，本章前面提到：当整数除法运算中的一个操作数为负时，它的行为表现与具体的实现有关。因此，当 n 为负数时，n%10 完全有可能是一个正数！此时，-(n % 10)就是一个负数，"0123456789"[-(n % 10)]就不在数字数组之中。

要解决这个问题，我们可以创建两个临时变量来分别保存商和余数。在除法运算完成之后，检查余数是否在合理的范围内；如果不是，则适当调整两个变量。printnum 函数不需要进行修改，需要改动的是 printneg 函数，因此下面我们只写出了 printneg 函数：

```
void
printneg (long n, void (*p)())
{
          long q;
           int r;


          q = n / 10;
          r = n % 10;
          if (r > 0) {
                      r - =10;
                      q++;
     }
     if (n <= -10)
                printneg (q, p);
     (*p) ("0123456789"[-r]);
}
```

看到这里，读者也许会叹一口气，为了满足可移植性，需要做的工作太多了！我们为什么要如此不辞劳苦、精益求精地修改呢？因为我们所处的是一个编程环境不断改变的世界，尽管软件看上去不像硬件那么实在，但大多数软件的生命期却要长于它运行其上的硬件。而且，我们很难预言未来硬件的特性。因此，努力提高软件的可移植性，实际上是延长了软件的生命期。

可移植性强的软件比较不容易出错。本例中的代码改动看上去是提高软件的可移植性，实际上大多数工作是确保边界条件的正确性，即保证当 printnum 函数的参数是可能取到的最小负数时，它仍然能够正常工作。作者就见过一些商业软件产品，正是因为对这种情况处理不好而出了大错。

练习 7-1 7.3 节中讲到，如果一个机器的字符长度为 8 位，那么其整数长度很可能是 16 位或 32 位。请问原因是什么？

练习 7-2 函数 atol 的作用是，接受一个指向以 null 结尾的字符串的指针作为参数，返回一个对应的 long 型整数值。在下面这些假设情况下，请写出 atol 函数的一个可移植版本。

- 作为输入参数的指针，指向的字符串总是代表一个合法的 long 型整数值，因此 atol 函数无须检查该输入是否越界。
- 唯一合法的输入字符是数字和正负号。在遇到第一个非法字符时输入结束。

第8章 建议与答案

本书从第 1 章到第 7 章，引领着读者在 C 语言中最为幽微晦暗的部分探奇揽胜。读者看到了 C 语言是一个强大灵活的工具，而程序员一旦使用不慎又是多么容易导致错误。我们的探险之旅已经结束，读者也许感到意犹未尽，就像大多数曾经阅读过本书早期手稿的人一样，禁不住要发问："我们怎样才能避免 C 语言中的这些问题呢？"

也许最重要的规避技巧就是，知道自己在做什么。最令人生厌的问题都来自那些看起来能工作，其实却潜藏着 Bug 的程序。正因为这些问题潜伏不露，要检测它们最容易的办法就是事前周密思考。拿到一个程序不假思索、动手就做，使之能运行起来就万事大吉。可以肯定，这样得到的只是一个"几乎能工作"的程序。

关于这一点，在我所知的范围内，道理说得最透彻的应该是我在一本大键琴制作手册上读到的一段话。这段话的作者是 David Jacques Way，他深谙对知识充满自信的重要。承蒙 David 惠允，我将这段话摘录如下：

"思考"是一切错误之源。我可以轻易地举出事实来证明这一点：犯了错的人总是会说："哦，可是我原以为……"只要大键琴的各种部件还没有黏合到一起，你就应该反复思考直到真正理解，这种"思考"是无妨的。你应该在不用黏合剂的情况下把所有部件拼装起来（称为演习或排练），研究它们是如何接合的，并与装配图仔细对照。

在你把某些部件黏合起来之后，还应该再检查一遍。我听过很多次这种不幸的故事：“昨晚我做了什么什么，可是今天早上我再看就……”

亲爱的制作者，如果你昨晚就好好看了的话，那么你可能已经把不合适的部件拆下来重新装好了。很多制作者是利用业余时间来动手 DIY 一个大键琴，所以经常忍不住要干到深夜。但是，根据我接听求助电话的经验，大多数错误都出在制作者在上床睡觉之前做的最后一件工作上。所以，在准备最后做一点什么之前，你还是早点休息吧。

上面这段文字中的“把所有部件用黏合剂拼装起来”，可以与程序设计中“把多个小部分组合成一个较大的程序”进行类比。这样类比之后，上面文字中的建议用于程序设计就再贴切不过了。在实际组合程序之前想清楚应该如何组合，对得到一个可靠的结果至关重要。

在面临时间压力的情况下，对程序组合方式的理解尤为重要。编程人员几乎都有过这样的经历：在调试程序很长时间之后，疲惫不堪的程序员开始漫无目的地瞎碰，这里试一下，那里改一点，如果凑巧程序可以运行了，便万事大吉。这种工作方式最后往往会导致一场灾难！

8.1　建议

关于如何减少程序错误，下面还有一些通用的建议。

不要说服自己相信“皇帝的新装”。有的错误极具伪装性和欺骗性。例如，1.1 节中的例子与出现在作为本书最初原型的那篇技术报告中的例子，有一些细微的差别。原来的例子是这样写的：

```
while (c == '\t' || c = ' ' || c == '\n')
        c = getc(f);
```

这个例子在 C 语言中是非法的。因为赋值运算符=的优先级比 while 子句中其他运算符的优先级都要低，因此上例可以这样解释：

```
while ((c == '\t' || c) = (' ' || c == '\n'))
         c = getc(f);
```

当然，这是非法的：

```
(c == '\t' || c)
```

不能出现在赋值运算符的左侧。数以千计的人读过这个例子，但是却没有人注意到其中的错误，直到最后 Rob Pike 为我指了出来。

从我开始写作本书起，直到最后接近完稿的时候，我一直没有去注意读者对那篇技术报告的评论。因此，上面这个错误的例子就留在了手稿中，手稿先是在贝尔实验室内部审阅，后来 Addison-Wesley 出版社又将该书手稿送出外审。但是，没有一位审稿人注意到这个错误。

直截了当地表明意图。当你编写的代码的本意是希望表达某个意思，但这些代码有可能被误解为另一种意思时，请使用括号或者其他方式让你的意图尽可能清楚明了。这样做不仅有助于你日后重读程序时能够更好地理解自己的用意，也方便其他程序员日后维护你的代码。

有时候我们还应该预料哪些错误有可能出现，在代码的编写方式上做到事先预防，一旦错误真正发生，能够马上捕获。例如，有的程序员把常量放在判断相等的比较表达式的左侧。换言之，不是按照习惯的写法：

```
while (c == '\t' || c == ' ' || c == '\n')
        c = getc(f);
```

而是写为：

```
while ('\t' == c || ' ' == c || '\n' == c)
        c = getc(f);
```

这样，如果程序员不小心把比较运算符==写成了赋值运算符= ，编译器将会捕获到这种错误，并给出一条编译器诊断信息：

```
while ('\t' = c || ' ' == c || '\n' == c)
        c = getc(f);
```

上面的代码试图给字符常量 '\t' 赋值，因而是非法的。

考察最简单的特例。无论是构思程序的工作方式，还是测试程序的工作情况，这一原则都是适用的。当部分输入数据为空或者只有一个元素时，很多程序都会执行失败，其实这些情况应该是一早就应该考虑到的。

这一原则还适用于程序的设计。在设计程序时，我们可以首先考虑一组输入数据全为空的情形，从最简单的特例获得启发。

使用不对称边界。3.6 节关于如何表示取值范围的讨论，值得一读再读。在 C

语言中，数组下标取值从 0 开始，各种计数错误的产生与这一点或多或少有关系。我们一旦理解了这个事实，处理这些计数错误就变得不那么困难了。

注意潜伏在暗处的 Bug。各种 C 语言实现之间都存在着或多或少的细微差别。我们应该坚持只使用 C 语言中众所周知的部分，避免使用那些“生僻”的语言特性。这样做能够很方便地将程序移植到一个新的机器或编译器，而且“遭遇”到编译器 Bug 的可能性也会大大降低。

例如，回想一下 3.1 节关于数组与指针的讨论，由于很多问题和事项尚不确定，讨论无法深入下去，因此不得不就此打住。任何一个程序，如果它必须依赖特定的 C 语言实现来保证诸多细节的正确性，那么很可能在某个时候无法工作。

对于那些细节处的考虑有欠周到的函数库实现，我们在编码的时候要预先采取某些防备性的措施。有一次，我在将一个程序从某个机型移植到另一个机型时，遇到了很大的麻烦。最后发现原来是程序在调用 printf 库函数时，默认假设其格式字符串的长度可以达到几千个字符长度。当然，这个假设并没有什么错，只是某些 C 语言实现中的 printf 库函数无法处理这么长的格式字符串。

在你准备使用某些只被特定厂商的产品所支持的特性时，这个建议就显得尤为重要。记住，程序的生命期往往要长于它运行其上的机器的生命期！

防御性编程。对程序用户和编译器实现的假设不要过多！我还记得自己在开发某个系统时，曾经与一个用户有过这样一场对话。

“这部分记录中可能出现的代码有哪些？”

“可能的代码是 X、Y 和 Z。”

“如果与 X、Y 和 Z 不同的代码在这里出现，该怎么办呢？”

“这不可能发生。”

“嗯，但如果这种情况确实发生时，程序需要做些适当的处理。你认为程序应该做些什么呢？”

“这个我可不关心。”

“你真的不关心？”

“对。”

“那么，如果程序在检测到不同于 X、Y 和 Z 的代码出现时删除整个数据库，你也不会介意吗？”

“太荒唐了。你绝对不能删除整个数据库！”

“那就是说，你还是介意程序在这种情况下的行为。那么，你希望程序做些什么呢？”

我们知道，再怎么不可能发生的事情，在某些时候还是有可能发生的。要实现一个健壮的程序，就应该预先考虑到这种异常情况。

如果 C 编译器能够捕获到更多的编程错误，这当然不错。不幸的是，因为几方面的原因，要做到这一点很困难。最重要的原因也许是历史因素：长期以来，人们习惯于用 C 语言来完成以前用汇编语言做的工作。因此，许多 C 程序中总有这样的部分，刻意去做那些严格说来在 C 语言所允许范围以外的工作。最明显的例子就是类似操作系统的东西。这样，一个 C 编译器要想严格检测程序中的各种错误，就要对程序中本意是可移植的部分进行严格检测，同时对程序中那些用来完成与特定机器相关的工作的部分网开一面。

另一个原因是，某些类型的错误从本质上说是难于检测的。考虑下面的函数：

```
void set(int *p, int n) {
          *p = n;
}
```

这个函数是合法的还是非法的？离开一定的上下文，我们当然不可能知道答案。如果像下面的代码一样调用这个函数：

```
int a[10];
set(a+5, 37);
```

这当然是合法的，但如果这样来调用 set 函数：

```
int a[10];
set(a+10, 37);
```

上面的代码就是非法的了。ANSI C 标准允许程序得到数组尾端出界的第一个位置的地址，因此上面的后一个代码段从它本身来说并没有什么错误。C 编译器要想捕获到这样的错误，就必须非常“聪明”。

但并不是说，C 编译器要检测到范围更广的程序错误是不可能的。这不但有可能，而且事实上市场上已经有了一些这样的编译器。但是，任何 C 语言实现都无法捕获到所有的程序错误。

8.2 答案

练习 0-1　你是否愿意购买一个返修率很高的厂家所生产的汽车？如果厂家声明对它已经做出了改进，你的态度是否会改变？用户为你找出程序中的 bug，你真正损失的是什么？

我们之所以选择一种产品而不选择另一种产品，其中一个重要的考虑因素就是厂商的信誉。如果信誉一旦失去，就很难重新获得。我们需要认真思考一个问题，即企业最近产品的高质量是真实的，还是纯属偶然。

大多数人在已经知道一个产品有可能存在重大设计缺陷时，不会去购买这个产品——除非这是一个软件产品。很多人写过一些给其他人用的程序。人们对软件产品不能工作已经习以为常，见怪不怪。我们应该用产品的高质量来让这些人大吃一惊。

练习 0-2　修建一个 100 英尺（约 30.5 米）长的护栏，护栏的栏杆之间相距 10 英尺（约 3.05 米），需要用到多少根栏杆？

11 根。围栏一共分成 10 段，但需要 11 根栏杆。请亲自数一数。3.6 节讨论了这个问题与一类常见的程序设计错误的关系。

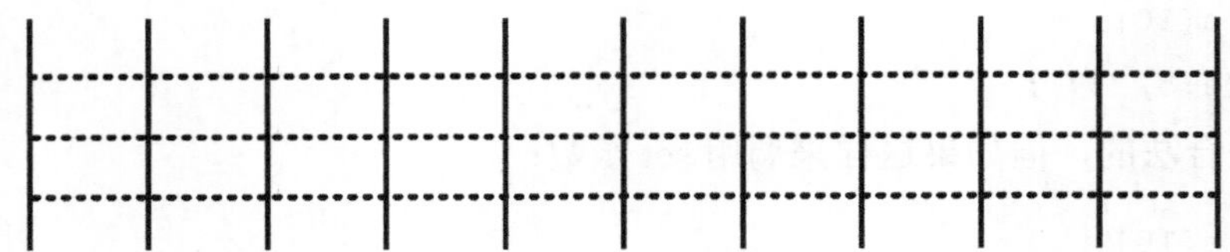

练习 0-3　在烹饪时你是否失手用菜刀切伤过自己的手？怎样改进菜刀会让使用更安全？你是否愿意使用这样一把经过改良的菜刀？

我们很容易想到办法来让一个工具更安全，但代价是原来简单的工具现在要变得复杂一些。食品加工机一般有连锁装置，保护使用人员不让手指受伤。但是菜刀不同，给这样一个简单、灵活的工具附加保护手指免于受伤的装置，只能让它失去简单灵活的特点。实际上，这样做最后得到的也许更像一台食品加工机，而不是一把菜刀。

使其难于做“傻事”常常会使其难于做“聪明事”，正所谓“弄巧成拙”。

练习 1-1 某些 C 编译器允许嵌套注释。请写一个测试程序，要求无论是对允许嵌套注释的编译器，还是对不允许嵌套注释的编译器，该程序都能正常通过编译（无错误消息出现），但是这两种情况下程序执行的结果却不相同。

（提示：在用双引号括起来的字符串中，注释符 /* 属于字符串的一部分，而在注释中出现的双引号" "又属于注释的一部分。）

为了判断编译器是否允许嵌套注释，必须找到这样一组符号序列，使得无论是对于允许嵌套注释的编译器，还是不允许嵌套注释的编译器，它都是合法的。但是，对于两类不同的编译器，它却意味着不同的事物。这样一组符号序列不可避免地要涉及嵌套注释，让我们从这里开始讨论：

```
/*/**/
```

对于一个允许嵌套注释的 C 编译器，无论上面的符号序列后面跟什么，都属于注释的一部分；而对于不允许嵌套注释的 C 编译器，后面跟的就是实实在在的代码内容。也许有人因此想到，可以在后面再跟一个用一对引号引起的注释结束符：

```
/*/**/"*/"
```

如果允许嵌套注释，上面的符号序列就等效于一个引号；如果不允许，就等效于一个字符串"*/"。因此，我们可以接着在后面跟一个注释开始符以及一个引号：

```
/*/**/"*/"/*"
```

如果允许嵌套注释，上面就等效于用一对引号引起的注释开始符"/*"；如果不允许，就等效于一个用引号括起的注释结束符，后跟一段未结束的注释。我们可以简单地让最后的注释结束：

```
/*/**/"*/"/*"/**/
```

这样，如果允许嵌套注释，上面的表达式就等效于"*/"；如果不允许，就等效于"/*"。

在我用类似于上面的形式解决这个问题之后，Doug McIlroy 发现了下面这个让人拍案叫绝的解法：

```
/*/*/0*/**/1
```

这个解法主要利用了编译器进行词法分析时使用的“大嘴法”规则。如果编译器允许嵌套注释，则上式将被解释为：

```
/* /* /0 */ * */ 1
```

两个/*符号与两个*/符号正好匹配，所以上式的值就是 1。如果不允许嵌套注释，注释中的/*将被忽略。因此，即使是/出现在注释中，也没有特殊的含义；上面的表达式因此将被这样解释：

```
/* / */ 0* /**/ 1
```

它的值就是 0*1，也就是 0。

练习 1-2　如果由你来实现一个 C 编译器，你是否会允许嵌套注释？如果你使用的 C 编译器允许嵌套注释，你会用到编译器的这一特性吗？你对第二个问题的回答是否会影响到你对第一个问题的回答？

嵌套注释对于暂时移除一块代码很有用：在这块代码之前加上一个注释开始符，在代码之后加上一个注释结束符，就一切 OK 了。然而，这样做也有缺点：如果用注释的方式从程序中移除一大块代码，很容易让人注意不到代码已经被移除了。

但是，C 语言定义并不允许嵌套注释，因此一个完全遵守 C 语言标准的编译器就别无其他选择了。而且，一个编程人员如果依赖嵌套注释，那么他所得到的程序在很多编译器上将无法通过。这样，任何嵌套注释的使用，都不可避免地只能限制在那些不准备以源代码形式分发的程序之中。此外，在新的 C 语言实现上，或者当原来的 C 语言实现有了改动时，这样的程序还将有不能运行的风险。

出于这些原因，如果让我来编写一个 C 编译器，我将不会选择实现嵌套注释；而且，即使我所用的编译器允许嵌套注释，我也不会在程序中用到这一特性。当然，最终的决定还是应该由读者自己做出。

练习 1-3 为什么 n-->0 的含义是 n-- > 0，而不是 n- -> 0？

根据“大嘴法”规则，在编译器读入>之前，就已经将--作为单个符号了。

练习 1-4 a+++++b 的含义是什么？

上式唯一有意义的解析方式是：

```
a ++ + ++ b
```

可是，我们也注意到，根据“大嘴法”规则，上式应该被分解为：

```
a ++ ++ + b
```

这个式子从语法上来说是不正确的，它等价于：

```
((a++)++) + b
```

但是，a++的结果不能作为左值，因此编译器不会接受 a++作为后面的++运算符的操作数。这样，如果我们遵循了解析词法二义性问题的规则，上例的解析从语法上来说又没有意义。当然，在编程实践中，谨慎的做法就是尽量避免使用类似的结构，除非编程人员非常清楚这些结构的含义。

练习 2-1 C 语言允许初始化列表中出现多余的逗号，例如：

```
int  days[] = { 31, 28, 31, 30, 31, 30,
                31, 31, 30, 31, 30, 31,};
```

为什么这种特性是有用的？

我们可以把上例的缩排格式稍作改动，如下：

```
int  days[] = {
         31, 28, 31, 30, 31, 30,
         31, 31, 30, 31, 30, 31,
};
```

现在我们可以很容易看出，初始化列表的每一行都是以逗号结尾的。正因为每一行在语法上的这种相似性，自动化的程序设计工具（例如代码编辑器等）才能够更方便地处理很大的初始化列表。

练习 2-2 2.3 节指出了在 C 语言中以分号作为语句结束的标志所带来的一些问题。虽然我们现在考虑改变 C 语言的这个规定已经太迟了，但是设想一下是否还有其他办法来分隔语句却是一件饶有趣味的事情。其他语言中是如何分隔语句呢？这些方法是否也存在它们固有的缺陷呢？

在 Fortran 与 Snobol 语言中，语句随着代码行的结束而自然结束。这两种语言都允许一个语句跨多个代码行，只要在语句的第二行以及后续各行有明确的指示标志即可。在 Fortran 语言中，这个指示标志就是在代码行的字符位置 6 上出现非空白字符（代码行的字符位置 0～5 已预留给语句标号）。在 Snobol 语言中，这个指示标志就是在代码行的字符位置 1 出现一个 . 或者 + 符号。

一个代码行的含义要受到其后续代码行的影响，这一点多少显得有些“怪异”。因此，某些程序语言改为在第 n 行代码中使用某种指示标志，以表示第 n+1 行代码应该被当作同一个语句的一部分。例如，UNIX 系统的 Shell（如 bash、ksh、csh 等）在代码行的结尾使用字符 \ 来作为指示标志，表示下一个代码行是同一个语句的一部分。C 语言在预处理器中以及字符串内部，沿用了 UNIX 系统中的这一惯例。其他语言，例如 Awk 和 Ratfor，只要一个代码行结束时还有从语法上来说需要补足的不完整部分，例如一个运算符（要求后面跟一个操作数）或者一个左括号（要求后面出现相应的右括号），那么语句就被视为自然地扩展到了下一个代码行。这种处理方式虽然难于严格定义，但在编程实践中应用起来似乎并无大碍。

练习 3-1　假定对于下标越界的数组元素，取其地址是非法的，那么 3.6 节中的 bufwrite 程序应该如何写呢？

bufwrite 程序实际上隐含了这样一个假定：即使在缓冲区完全填满时，bufwrite 函数也仍然可以返回，并留待下一次 bufwrite 函数被调用时再刷新。如果指针变量 bufptr 不能指向缓冲区以外的位置，这个问题就突然变得棘手起来：我们应该如何指示缓冲区已满这种情形呢？

最不麻烦的解决方案似乎是，避免在缓冲区已满时从 bufwrite 函数中返回。要做到这一点，我们就要把最后一个进入缓冲区的字符作为特例处理。

除非我们已经知道指针 p 指向的并不是某个数组的最后一个元素，否则，我们必须避免对 p 进行递增操作。也就是说，在最后一个输入字符被送进缓冲区之后，我们就不应该再递增 p 了。此处，我们是通过在循环的每次迭代中增加一次额外的测试来做到这一点的；另一种可选的方案就是重复整个循环。

```
void bufwrite(char *p, int n) {
```

```
            while (--n >= 0) {
                    if (bufptr == &buffer[N-1]) {
                                    *bufptr = *p;
                                    flushbuffer();
                    } else
                                    *bufptr++ = *p;
                    if (n > 0)
                                    p++;
            }
}
```

读者可能注意到，这里我们小心翼翼地避免在缓冲区填满时对 bufptr 进行递增操作，是为了不生成非法地址 buffer[N]。

bufwrite 程序的第二个版本改起来就更加棘手了。在进入程序时，我们知道缓冲区中至少还有一个字符的位置尚未填满，因此一开始我们并不需要清空缓冲区；但是，在程序结束时，我们就有可能需要清空缓冲区了。与对 bufwrite 程序的第一个版本的处理相同，我们在循环的最后一次迭代时也必须避免对 p 进行递增操作：

```
void bufwrite(char *p, int n) {
            while (n > 0) {
                    int k, rem;
                    rem = N - (bufptr - buffer);
                    k = n > rem? rem: n;
                    memcpy(bufptr, p, k);
                    if (k == rem)
                            flushbuffer();
                    else
                            bufptr += k;
                    n -= k;
                    if (n)
                            p += k;
            }
}
```

我们把 k 与 rem 进行比较，前者是本次循环迭代中需要复制的字符数，后者是缓冲区中尚未填满的字符数。这个比较的目的是看在复制操作后缓冲区是否已经填满，如果缓冲区已满，则需要清空。在对 p 进行递增操作之前，我们首先检查 n 是否为 0，以判断本次迭代是否为循环的最后一次迭代。

练习 3-2　比较 3.6 节函数 flush 的最后一个版本与以下版本：

```
void flush() {
                  int row;
                  int k = bufptr - buffer;
                  if (k > NROWS)
                            k = NROWS;
                    for (row = 0; row < k; row++) {
                            int *p;
                            for (p = buffer + row; p < bufptr; p += NROWS)
                                                    printnum(*p);
                  printnl();
          }
          if (k > 0)
                  printpage();
}
```

flush 函数这两个不同版本之间的区别是：上面的 flush 函数在测试 k 是否大于 0 的语句中只包括了对 printpage 函数的调用，而 3.6 节的 flush 函数在测试语句中还包括了整个 for 循环。3.6 节的 flush 函数的版本，用自然语言描述就是这样的："如果缓冲区中有需要打印的内容，就把它们打印出来，然后开始新的一页。"此处的 flush 函数的版本，用自然语言描述就是，"不管缓冲区中是否有剩余的内容，都先打印；如果缓冲区中确有剩余，则开始新的一页。"与 3.6 节中 flush 函数的版本相比，这个版本中的 k 在 for 循环里的作用就不甚明显。在 3.6 节的版本中，我们可以很容易看出 k 的作用：当 k 为 0 时，将跳过循环。

虽然从技术上说 flush 函数的这两个版本是等价的，但是它们所表达的编程意图却有细微的差别。最能够反映程序员实际编程意图的版本，就是最好的版本。

练习 3-3 编写一个函数，对一个已排序的整数表执行二分查找。函数的输入包括一个指向表头的指针、表中的元素个数以及待查找的数值。函数的输出是一个指向满足查找要求的元素的指针；当未查找到要求的数值时，输出一个 NULL 指针。

二分查找从概念上来说非常简单，但是在编程实践中人们经常不能正确实现。这里，我们将开发出二分查找的两个版本，它们都用到了不对称边界。第一个版本用的是数组下标，第二个版本用的是指针。

不妨假定待搜索的元素为 x，如果 x 存在于数组中的话，那么我们假定它在数组中的下标为 k。最开始，我们只知道 0<= k < n 。我们的目标是不断缩小 k 的取值范围，直至找到要搜索的元素，或者能够判定数组中不存在这样的元素。

为了做到这一点，我们把 x 与位于可能范围中间位置的元素进行比较。如果 x 与该元素相等，我们就大功告成。如果两者不相等，位于该元素的“错误”一侧的所有元素，我们就可以不予考虑，这样就缩小了搜索的范围。图 8-1 显示了搜索过程中的情况。

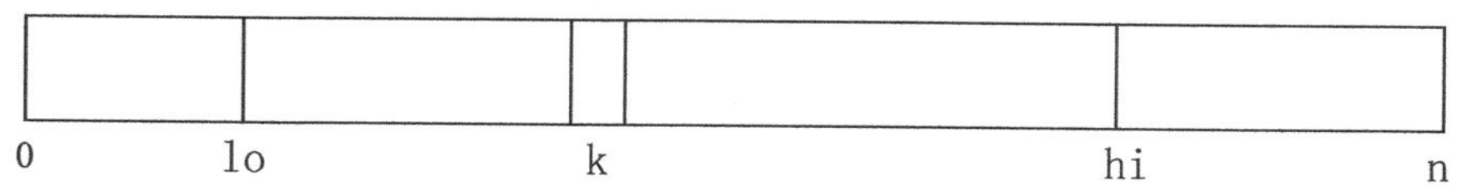

图 8-1 二分查找示意图

任何时候，我们都假定 lo 和 hi 是不对称边界的两头。也就是说，我们要求 lo<= k <hi。如果 lo 与 hi 相等，此时可能范围已经缩为空，我们就能判定 x 不在表中。

如果 lo 小于 hi，那么可能范围中至少存在一个元素。我们不妨设定 mid 为可能范围的中值，然后比较 x 与整数表中下标为 mid 的元素。如果 x 比该元素小，那么 mid 就是位于可能范围以外的最小下标，因此我们可以设置 hi = mid。如果 x 比该元素大，那么 mid+1 就是位于新的已缩减的可能范围以内的最小下标，因此我们可以设置 lo = mid+1。最后，如果 x 与该元素相等，我们就完成了搜索。

我们是否可以设置 mid = (hi + lo)/2，这样设置会带来什么问题吗？如果 hi 与

lo 相隔较远，这样做显然不会有什么问题。但是，如果 hi 与 lo 隔得很近，又是怎样的情况呢？

hi 等于 lo 的情况根本用不着考虑。因为此时我们已经知道 x 的可能范围为空，我们甚至不需要设置 mid。当 hi = lo + 2 时，这也不是问题：hi + lo 等于 2 × lo + 2，这是一个偶数，因此(hi + lo)/2 等于 lo + 1。当 hi = lo + 1 时，情况又如何呢？在这种情况下，可能范围中的唯一元素就是 lo，因此如果(hi + lo)/2 等于 lo，这个结果才是我们可接受的。

幸运的是，由于 hi + lo 恒为正数，(hi + lo)/2 会得到我们希望的结果 lo。因为在这种情况下，整数除法肯定将会被截断处理。因此，(hi + lo)/2 等价于((lo + 1)+lo)/2，亦即(2 × lo+1)/2，这个式子的结果就是 lo。

根据上面的讨论，这个程序大致如下：

```
int * bsearch(int *t, int n, int x) {
        int lo = 0, hi = n;
        while (lo < hi) {
                int mid = (hi + lo) / 2;
                if (x < t[mid])
                        hi = mid;
                else if (x > t[mid])
                        lo = mid + 1;
                else
                        return  t + mid;
        }
        return NULL;
}
```

值得注意的是，下面求值表达式：

```
int mid = (hi + lo) / 2;
```

中的除法运算可以用移位运算代替：

```
int mid = (hi + lo) >> 1;
```

这样做确实会提高程序的运行速度。现在还是让我们首先去掉一些寻址运算，原因是在很多机器上下标运算都要比指针运算慢。我们可以把 t+mid 的值存储在一个局部变量中，这样就不需要每次都重新计算，从而可以稍微减少一些寻址运算：

```
int * bsearch(int *t, int n, int x) {
        int lo = 0, hi = n;
        while (lo < hi) {
                int mid = (hi + lo) / 2;
                int *p = t + mid;
                if (x < *p)
                        hi = mid;
                else if (x > *p)
                        lo = mid + 1;
                else
                        return p;
        }
        return NULL;
}
```

又假定我们希望进一步减少寻址运算，这可以通过在整个程序中用指针代替下标来做到。乍一看，我们似乎只要按部就班地把程序中凡用到下标的地方，统统改用指针的形式重写一遍即可：

```
int * bsearch(int *t, int n, int x) {
        int *lo = t, *hi = t + n;
        while (lo < hi) {
                int *mid = (hi + lo) / 2;
                if (x < *mid)
                        hi = mid;
                else if (x > *mid)
                        lo = mid + 1;
                else
                        return mid;
        }
        return NULL;
```

```
}
```

实际上，这个程序是“功败垂成”，还差一点就可以工作了。问题出在下面的语句：

```
mid = (lo + hi) / 2;
```

这个语句是非法的，因为它试图把两个指针相加。正确的做法是，先计算出 lo 与 hi 之间的距离（这可以由指针减法得到，并且结果是一个整数），然后把这个距离的一半（也仍然是整数）与 lo 相加：

```
mid = lo + (hi - lo) / 2;
```

上面的 hi－lo 计算出结果之后，还要对它做除法运算。虽然大多数 C 编译器都足够“智能”，会自动地把这类除法运算实现为移位运算以优化程序性能，但对于这里的除 2 运算，这些编译器还不够智能，不会把它实现为移位运算。因为编译器所知道的只是 hi－lo 可能为负，而对负数来说，除 2 运算和移位运算会得到不同的结果。因此，我们确实应该自己手动把它写成移位运算的形式：

```
mid = lo + (hi - lo) >> 1;
```

很不幸，这样写还是不对。一定要记住移位运算符的优先级低于算术运算符的优先级！因此，我们必须写成：

```
mid = lo + ((hi - lo) >> 1);
```

最后，完整的程序如下：

```
int * bsearch(int *t, int n, int x) {
                    int *lo = t, *hi = t + n;
                    while (lo < hi) {
                          int *mid = lo + ((hi - lo) >> 1);
                          if (x < *mid)
                                hi = mid;
                          else if (x > *mid)
                                lo = mid + 1;
                          else
                                return  mid;
                    }
```

```
            return NULL;
}
```

顺便说一下，二分查找经常用对称边界来表达。因为采用了对称边界后，最后得到的程序看上去要整齐许多：

```
int * bsearch(int *t, int n, int x) {
        int lo = 0, hi = n - 1;
        while (lo <= hi) {
                int mid = (hi + lo) / 2;
                if (x < t[mid])
                        hi = mid - 1;
                else if (x > t[mid])
                        lo = mid + 1;
                else
                        return  t + mid;
        }
        return NULL;
}
```

然而，如果我们试图把上面的程序改写成“纯指针”的形式，就会遇到麻烦。问题在于，我们不能把 hi 初始化为 t + n − 1。因为当 n 为 0 时，这是个无效地址！因此，如果我们还想把程序改写成指针形式，就必须对 n=0 的情形进行单独测试。这从另一个角度又一次说明了为什么应该采用不对称边界。

练习 4-1 假定一个程序在一个源文件中包含了声明：

```
long foo;
```

而在另一个源文件中包含了：

```
extern short foo;
```

又进一步假定，如果给 long 类型的 foo 赋一个较小的值，例如 37，那么 short 类型的 foo 就同时获得了一个值 37。我们能够对运行该程序的硬件做出什么样的推断？如果 short 类型的 foo 得到的值不是 37 而是 0，我们又能够做出什么样的推断？

如果把值 37 赋给 long 型的 foo，相当于同时把值 37 也赋给了 short 型的 foo，那么这意味着 short 型的 foo 与 long 型的 foo 中包含了值 37 的有效位的部分，两者在内存中占用的是同一区域。这有可能是因为 long 型和 short 型被实现为同一类型，但很少有 C 语言的实现会这样做。更有可能的是，long 型的 foo 的低位部分与 short 型的 foo 共享了相同的内存空间，一般情况下，这个部分所处的内存地址较低；因此我们的一个可能推论就是，运行该程序的硬件是一个低位优先（little-endian）的机器。同样道理，如果在 long 型的 foo 中存储了值 37，而 short 型的 foo 的值却是 0，我们所用的硬件可能是一个高位优先（big-endian）的机器。

> 译注：endian 的意思是"数据在内存中的字节排列顺序"，表示一个字在内存中或传送过程中的字节顺序。在微处理器中，像 long/DWORD(32 bit)0x12345678 这样的数据总是按照高位优先方式存放的。但在内存中，数据存放顺序则因微处理器厂商的不同而不同。一种顺序称为 big-endian，即把最高位字节放在最前面；另一种顺序就称为 little-endian，即把最低位字节放在最前面。
>
> big-endian：最低地址存放高位字节，可称为高位优先。内存从最低地址开始，按顺序存放。这种存放方式正是我们的书写方式，高数位数字先写（比如，总是按照千、百、十、个位来书写数字），而且所有处理器都是按照这个顺序存放数据的。
>
> little-endian：最低地址存放低位字节，可称为低位优先。内存从最低地址开始，顺序存放。little-endian 处理器是通过硬件将内存中的 little-endian 排列顺序转换为寄存器的 big-endian 排列顺序，因此没有数据加载/存储的开销。

练习 4-2　4.4 节中讨论的错误程序，经过适当简化后如下所示：

```
#include <stdio.h>
main() {
        printf("%g\n", sqrt(2));
}
```

在某些系统中，打印出的结果是：

```
%g
```

请问这是为什么？

在某些 C 语言实现中，存在着两种不同版本的 printf 函数：其中一种实现了用于表示浮点格式的项，如%e、%f、%g 等；另一种却没有实现这些浮点格式。库文件中同时提供了 printf 函数的两种版本，这样的话，那些没有用到浮点运算的程序，就可以使用不提供浮点格式支持的版本，从而节省程序空间，减少程序大小。

在某些系统上，编程人员必须显式地通知链接器是否用到了浮点运算；而另一些系统，则是通过编译器来告知链接器在程序中是否出现了浮点运算，以自动地做出决定。

上面的程序没有进行任何浮点运算！它既没有包含 math.h 头文件，也没有声明 sqrt 函数，因此编译器无从得知 sqrt 是一个浮点函数。这个程序甚至都没有传送一个浮点参数给 sqrt 函数。所以，编译器“自认合理”地通知链接器，该程序没有进行浮点运算。

那 sqrt 函数又怎么解释呢？难道“sqrt 函数是从库文件中取出的”这个事实，还不足以证明该程序用到了浮点运算？当然，“sqrt 函数是从库文件中取出的”这一点没错，但是，链接器可能在从库文件中取出 sqrt 函数之前，就已经做出了使用何种版本的 printf 函数的决定。

练习 5-1 当一个程序异常终止时，程序输出的最后几行常常会丢失，原因是什么？我们能够采取怎样的措施来解决这个问题？

一个异常终止的程序可能没有机会来清空其输出缓冲区。因此，该程序生成的输出可能位于内存的某个位置，但却永远不会被写出了。在某些系统上，这些无法被写出的输出数据可能长达好几页。

对于试图调试这类程序的编程人员来说，这种丢失输出的情况经常会误导他们，因为这会造成这样一种印象，即程序发生失败的时刻比实际上运行失败的真正时刻要早得多。解决方案就是在调试时强制不允许对输出进行缓冲。要做到这一点，不同的系统有不同的做法，这些做法虽然存在细微差别，但大致如下：

```
setbuf(stdout, (char *)0);
```

这个语句必须在任何输出被写入 stdout（包括任何对 printf 函数的调用）之前执行。该语句最恰当的位置就是作为 main 函数的第一个语句。

练习 5-2　下面程序的作用是把它的输入复制到输出：

```
#include <stdio.h>
main() {
        register int c;
        while ((c = getchar()) != EOF)
                putchar(c);
}
```

从这个程序中移除#include 语句，将导致程序不能通过编译，因为这时 EOF 是未定义的。假定我们手工定义了 EOF（当然，这是一种不好的做法）：

```
#define EOF -1
main() {
        register int c;
        while ((c = getchar()) != EOF)
              putchar(c);
}
```

这个程序在许多系统中仍然能够运行，但是在某些系统运行起来却慢得多。这是为什么？

函数调用需要花费较长的程序执行时间，因此 getchar 经常被实现为宏。这个宏在 stdio.h 头文件中定义，因此如果一个程序没有包含 stdio.h 头文件，编译器对 getchar 的定义就一无所知。在这种情况下，编译器会假定 getchar 是一个返回类型为整型的函数。

实际上，很多 C 语言实现在库文件中都包括 getchar 函数，部分原因是预防编程人员粗心大意，另外部分原因是为了方便那些需要得到 getchar 地址的编程人员。因此，程序中忘记包含 stdio.h 头文件的结果就是，在所有 getchar 宏出现的地方，都用 getchar 函数调用来替换 getchar 宏。这个程序之所以运行变慢，就是因为函数调用所导致的开销增多。同样的依据也完全适用于 putchar。

练习 6-1　请使用宏来实现 max 的一个版本，其中 max 的参数都是整数，要求在宏 max 的定义中这些整型参数只被求值一次。

max 宏的每个参数的值都有可能使用两次：一次是在两个参数做比较时；

一次是在把它作为结果返回时。因此，我们有必要把每个参数存储在一个临时变量中。

遗憾的是，我们没有直接的办法可以在一个 C 表达式的内部声明一个临时变量。因此，如果我们要在一个表达式中使用 max 宏，就必须在其他地方声明这些临时变量，比如可以在宏定义之后，但不是将这些变量作为宏定义的一部分进行声明。如果 max 宏用于不止一个程序文件，我们应该把这些临时变量声明为 static，以避免命名冲突。不妨假定这些定义将出现在某个头文件中：

```
static int max_temp1, max_temp2;
#define max(p, q) (max_temp1=(p),max_temp2=(q), \
        max_temp1>max_temp2? max_temp1:max_temp2)
```

只要不是嵌套调用 max 宏，上面的定义都能正常工作；在嵌套调用 max 宏的情况下，我们不可能做到让它正常工作。

练习 6-2 6.1 节中提到的“表达式”

```
(x) ((x)-1)
```

能否成为一个合法的 C 表达式？

一种可能是，如果 x 是类型名，例如 x 被这样定义：

```
typedef int x;
```

在这种情况下，

```
(x) ((x)-1)
```

等价于

```
(int) ((int)-1)
```

这个式子的含义是把常数-1 转换为 int 类型两次。我们也可以通过预处理指令来定义 x 为一种类型，以达到同样的效果：

```
#define x int
```

另一种可能是当 x 为函数指针时。回忆一下，如果某个上下文中本应需要函数而实际上用了函数指针，那么该指针所指向的函数将会自动地被取得并替换这个函数指针。因此，本题中的表达式可以被解释为调用 x 所指向的函数，这个函数的参数是(x)-1。为了保证(x)-1 是一个合法的表达式，x 必须实际指向一个函数指针数组中的某个元素。

x 的完整类型是什么呢？为了方便讨论问题，我们假定 x 的类型是 T，因此可以如下声明 x：

```
T x;
```

显而易见，x 必须是一个指针，所指向的函数的参数类型是 T。这一点让 T 比较难以定义。下面是最容易想到的办法，但却没有用：

```
typedef void (*T)(T);
```

因为只有当 T 已经被声明之后，才能这样定义 T！不过，x 所指向的函数的参数类型并不一定要是 T，它可以是任何 T 可以被转换成的类型。具体来说，void * 类型就完全可以：

```
typedef void (*T)(void *);
```

这个练习的用意在于说明，对于那些看上去无从着手、形式“怪异”的结构，我们不应该轻率地一律将其作为错误来处理。

练习 7-1　7.3 节中讲到，如果一个机器的字符长度为 8 位，那么其整数长度很可能是 16 位或 32 位。请问原因是什么？

某些机器为每个字符分配一个唯一的内存地址，而另一些机器却是按字来对内存寻址。按字寻址的机器通常都存在不能有效处理字符数据的问题，因为要从内存中取得一个字符，就必须读取整个字的内容，然后把不需要用到的部分都丢弃。

由于按字符寻址的机型在字符处理方面具有效率优势，它们相对于按字寻址的机型，近年来要更为流行。然而，即使对于按字符寻址的机器，在进行整数运算时字的概念也仍然是重要的。因为字符在内存中的存储位置是连续的，所以一个字中包含的字符数，将决定在内存中连续存放的字的地址。

如果一个字中包含的字符数是 2 的某次幂，因为乘以 2 的某次幂的运算可以转换为移位运算，所以计算机硬件就能很容易地完成从字符地址到字地址的转换。因此，我们可以合理地预期，字的长度是字符长度的 2 的某次幂。

那么整数的长度为什么不是 64 位呢？当然，某些时候这样做无疑是有用的。

但是，对于那些具有浮点运算硬件的机器，这样做的意义就不大了，而且考虑到我们并不经常需要用到 64 位整数这样的精度，实现 64 位整数的代价就过于昂贵。如果只是偶尔用到，我们完全可以用软件来模拟 64 位（或者更长）的整数，而且丝毫不影响效率。

练习 7-2 函数 atol 的作用是，接受一个指向以 null 结尾的字符串的指针作为参数，返回一个对应的 long 型整数值。在下面这些假设情况下，请写出 atol 函数的一个可移植版本。

- 作为输入参数的指针，指向的字符串总是代表一个合法的 long 型整数值，因此 atol 函数无须检查该输入是否越界。
- 唯一合法的输入字符是数字和正负号。在遇到第一个非法字符时输入结束。

我们不妨假定在机器的排序序列中，数字是连续排列的：任何一种现代计算机都是这样实现的，而且 ANSI C 标准中也是这样要求的。因此，我们面临的主要问题就是避免中间结果发生溢出，即使最终的结果在取值范围之内也是如此。

正如 printnum 函数中的情形，如果 long 型负数的最小可能取值与正数的最大可能取值并不相匹配，问题就变得棘手了。特别是如果我们先把一个值作为正数处理，然后再使它为负，对于负数的最大可能取值的情况，在很多机器上都会发生溢出。

下面这个版本的 atol 函数，只使用负数（和零）来得到函数的结果，从而避免了溢出：

```
long atol(char *s) {
        long r = 0;
        int neg = 0;
        switch(*s) {
        case '-':
                neg = 1;
                /* 此处没有 break 语句 */
        case '+':
                s++;
```

```
                        break;
                }
                while (*s >= '0' && *s <= '9') {
                        int n = *s++ - '0';
                        if (neg)
                                n = -n;
                                r = r * 10 + n;
                }
                return r;
        }
```

附录 A　printf、varargs 与 stdarg

本附录介绍了 C 语言中经常被误解的 3 个常见工具：printf 库函数族、varargs 和 stdarg 工具。后两者主要用于编写那些随调用场合的不同，其参数的数目和类型也不同的函数。我经常见到某些程序还在使用 printf 函数中多年前就已基本废弃不用的特性，也见到另一些程序，明明要完成的任务利用 varargs 和 stdarg 可以做得干净利落、漂漂亮亮，但却使用了各种千奇百怪的杂凑招式，而且这些天知道怎么想出来的办法并不具有一般性，因而难于移植。

A.1　printf 函数族

下面的程序与我们在第 0 章中给出的第 1 个 C 程序非常类似：

```
#include <stdio.h>
main() {
        printf("Hello world\n");
}
```

这个程序的输出是：

```
Hello world
```

后面跟一个换行符（\n）。

printf 函数的第 1 个参数是关于输出格式的说明，它是一个描述了输出格式的字符串。这个字符串遵循通常的 C 语言惯例，以空字符（即\0）结尾。我们把这个字符串写成字符串常量的形式（即用双引号括起来），就能够自动保证它以空字符结尾。

printf 函数把格式说明字符串中的字符逐一复制到标准输出，直到格式字符串结束或者遇到一个%字符。这时，printf 函数并不打印%字符，而是查看紧跟%字符之后的若干字符，以获得有关如何转换其下一个参数的指示。转换后的参数将替换%字符以及其后若干字符的位置，由 printf 函数打印到标准输出。因为上例中 printf 函数的格式字符串并没有包含%字符，因此所输出的就是格式字符串本身。格式字符串以及与之对应的参数，决定了输出中的每个字符（也包括作为每行结束标志的换行符）。

与 printf 函数同族的还有两个函数：fprintf 和 sprintf。printf 函数是把数据写到标准输出，而 fprintf 函数则可以把数据写到任何文件中。需要写入的特定文件，将作为 fprintf 函数的第 1 个参数，它必须是一个文件指针。因此，

```
printf(stuff);
```

从意义上来说就等效于

```
fprintf(stdout, stuff);
```

当输出数据不是被写入一个文件时，我们可以使用 sprintf 函数。sprintf 函数的第 1 个参数是一个指向字符数组的指针，sprintf 函数将把其输出数据写到这个字符数组中。编程人员应该确保这个数组足够大以容纳 sprintf 函数所生成的输出数据。sprintf 函数其余的参数与 printf 函数的参数相同。sprintf 函数生成的输出数据总是以空字符收尾，如果希望在输出数据中出现一个空字符，我们可以显式地使用%c 格式项把它打印出来。

这 3 个函数的返回值都是已传送的字符数。对于 sprintf 的情形，作为输出数据结束标志的空字符并不计入总的字符数。如果 printf 或 fprintf 在试图写入时出现一个 I/O 错误，将返回一个负值。在这种情况下，我们就无从得知究竟有多少字符已经被写出。因为 sprintf 函数并不进行 I/O 操作，所以它不会返回负值。当然，也不排除有的 C 语言实现会因为某种原因，而令 sprintf 函数返回一个负值。

因为格式字符串决定了其余参数的类型，而且可以到运行时才建立格式字符串，所以 C 语言实现要检查 printf 函数的参数类型是否正确是异常困难的。如果我们像下面这样写：

```
printf("%d\n", 0.1);
```

或者

```
printf("%g\n", 2);
```

最后得到的结果可能毫无意义，而且在程序实际运行之前，这些错误极有可能不会被编译器检测到，而成为“漏网之鱼”。

大多数 C 语言实现都无法检测出下面的错误：

```
fprintf("error\n");
```

上例中，程序员的本意是使用 fprintf 函数输出一行出错提示信息到 stderr，但是一时大意忘记写 stderr，而 fprintf 函数会把格式字符串当作一个文件结构来处理，这种情况下就很可能出现内核转储的后果！

A.1.1　简单格式类型

格式字符串中的每个格式项都由一个%符号打头，后面接一个称为格式码的字符，格式码指明了格式转换的类型。格式码不一定要紧跟在%符号之后，它们中间可能夹一些可选的字符，这些可选字符以各种方式修改转换，我们将在后面详细讨论这些方式。每个格式项都是以格式码结束。

最常用的格式项肯定是%d，这个格式项的含义是以十进制形式打印一个整数，例如，

```
printf("2 + 2 = %d\n", 2 + 2);
```

将打印出：

```
2 + 2 = 4
```

后面跟一个换行符（下面的例子对输出中换行符的出现将不再赘述）。

%d 格式项请求打印一个整数，因此后面必须有一个相应的整型参数。当格式字符串被复制到输出文件时，其中的%d 格式项将用对应的待输出整数的十进制值替换，替换时不会在整数值的前后添加空格字符。如果该整数是负值，输出值的第一个字符就是'-'符号。

%u 格式项与%d 格式项类似，只不过要求打印无符号十进制整数。因此，下例中：

```
printf("%u\n", -37);
```

将打印出：

```
4294967259
```

前提是所在机器上整数是 32 位。

回忆一下，我们在前面章节中提到过，char 型和 short 型的参数会被自动扩展为 int 型。在把 char 类型的值视为有符号整数的机器上，这一点经常会引起令人吃惊的后果。例如，在这样的机器上，

```
char c;
c = -37;
printf("%u\n", c);
```

将打印出：

```
4294967259
```

因为此时字符型的-37 被转换成了整型的-37。要避免这一问题，我们应该把%u格式项仅用于无符号整数。

%o、%x 和%X 格式项用于打印八进制或十六进制的整数。%o 格式项请求输出八进制整数，而%x 和%X 则请求输出十六进制整数。%x 和%X 格式项的唯一区别就是：%x 格式项中用小写字母 a、b、c、d、e 和 f 来表示 10～15 的数位值，而%X 格式项中是用大写字母 A、B、C、D、E 和 F 来表示。八进制和十六进制整数总是作为无符号数处理。

我们来看一个例子：

```
int n = 108;
printf("%d decimal = %o octal = %x hex\n", n, n, n);
```

将打印出：

```
108 decimal = 154 octal = 6c hex
```

如果上例中用%X 代替了%x，那么输出将变成

```
108 decimal = 154 octal = 6C hex
```

%s 格式项用于打印字符串：与之对应的参数应该是一个字符指针，待输出的字符始于该指针所指向的地址，直到出现一个空字符（'\0'）才终止。下面是%s格式项的一种可能用法：

```
printf("There %s %d item%s in the list.\n",
       n!=1? "are": "is", n, n!=1? "s": "");
```

上例的第 1 个%s 格式项，将被 is 或者 are 替换；第 2 个%s 格式项，将被 s 或者空字符串替换。因此，如果 n 是 37，输出将是：

```
There are 37 items in the list.
```

但是如果 n 是 1，输出将是：

```
There is 1 item in the list.
```

%s 格式项所对应输出的字符串必须以一个空字符（'\0'）作为结束标志（唯一的例外情况将在后面讨论）。因为 printf 函数要以此来定位一个字符串何时结束，舍此别无他法。如果与%s 对应的字符串并不是以空字符（'\0'）作为结束标志，那么 printf 函数将不断打印出其后的字符，直到在内存中某处找到一个空字符（'\0'）。这种情况下，最终的输出可能相当长！

因为%s 格式项将打印出对应参数中的每个字符，所以

```
printf(s);
```

与

```
printf("%s", s);
```

两者的含义并不相同。第 1 个例子将把字符串 s 中的任何%字符视为一个格式项的标志，因而其后的字符会被视为格式码。如果除%%之外的任何格式码在字符串 s 中出现，而后面又没有对应的参数，将会带来麻烦。而第 2 个例子将会打印出任何以空字符结尾的字符串。

因为一个 NULL 指针并不指向任何实际的内存位置，它肯定也不可能指向一个字符串。因此，

```
printf("%s\n", NULL);
```

的结果将难以预料。3.5 节对这种情况做了详细讨论。

%c 格式项用于打印单个字符：

```
printf("%c", c);
```

等效于

```
putchar(c);
```

但是前者的适应性和灵活性更好，能够把字符 c 的值嵌入某个更大的上下文中。与%c 格式项对应的参数是一个为了打印输出而被转换为字符型的整型值。例如：

```
printf("The decimal equivalent of '%c' is %d\n",
        '*', '*');
```

将打印出：

```
The decimal equivalent of '*' is 42
```

%g、%f 和%e 这 3 个格式项用于打印浮点值。%g 格式项在打印那些不需要按列对齐的浮点数时特别有用。它在打印出对应的数值（必须为浮点型或双精度

类型）时，会去掉该数值尾缀的零，保留 6 位有效数字。因此，在我们包含了 math.h 头文件之后，

```
printf("Pi = %g\n", 4 * atan(1.0));
```

将打印出：

```
Pi = 3.14159
```

而

```
printf("%g %g %g %g %g\n",
        1/1.0, 1/2.0, 1/3.0, 1/4.0, 0.0);
```

将打印出：

```
1 0.5 0.333333 0.25 0
```

注意，因为一个数中出现在前面的零对于数值精度没有贡献，所以在 0.333333 中会有 6 个 3。输出的数值被四舍五入，而不是直接截断：

```
printf("%g\n", 2.0 / 3.0);
```

将打印出：

```
0.666667
```

如果一个数的绝对值大于 999999，按%g 的格式打印出这个数就会面临一个两难选择：要么需要打印出超过 6 位的有效数字，要么打印出的是一个不正确的值。%g 格式项解决这个难题的方式是，采用科学计数法来打印这样的数值：

```
printf("%g\n", 123456789.0);
```

将打印出：

```
1.23457e+08
```

我们看到，这个数在用科学计数法来表示时，被四舍五入到 6 位有效数字。

当一个数的绝对值很小时，要表示这个数所需要的字符数目就会多到让人难于接受。举例而言，如果我们把 $\pi \times 10^{-10}$ 写作 0.000000000314159 就显得非常丑陋不雅；反之，如果我们写作 3.14159e-10，就不但简洁而且易读好懂。当指数是-4 时，这两种表现形式的长度就恰好相等。例如，0.000314159 与 3.14159e-04 所占用的空间大小相同。对于比较小的数值，除非该数的指数小于或等于-5，%g 格式项才会采用科学计数法来表示。因此，

```
printf("%g %g %g\n", 3.14159e-3, 3.14159e-4, 3.14159e-5);
```

将打印出：

```
0.00314159 0.000314159 3.14159e-05
```

%e 格式项用于打印浮点数时，要求一律显式地使用指数形式：π 在使用%e 格式项时将被写成 3.141593e+00。%e 格式项将打印出小数点后 6 位有效数字，而并非如%g 格式项那样打印出的数是总共 6 位有效数字。

%f 格式项则恰好相反，它强制禁止使用指数形式来表示浮点数，因此 π 就被写成 3.141593。在数值精度方面，%f 格式项的要求与%e 格式项相同，即小数点后 6 位有效数字。因此，一个非常小的数值即使不是 0，看上去也会与 0 差不多；而一个很大的数值，看上去就会是一大堆数字：

```
printf("%f\n", 1e38);
```

将打印出：

```
100000000000000000000000000000000000000. 000000
```

这个例子中打印出的数值的数字位数，超过了大多数硬件能够表示的精度范围，因此对于不同的机器最终的结果也随之不同。

%E 和%G 格式项与它们对应的%e 和%g 格式项在行为方式上基本相同，除了用大写的 E 代替了小写的 e 来表示指数形式。

%%格式项用于打印出一个%字符。这个格式项的独特之处在于它不需要一个对应的参数。因此，下面的语句

```
printf("%%d prints a decimal value\n");
```

将打印出：

```
%d prints a decimal value
```

A.1.2 修饰符

printf 函数也接受辅助字符来修饰一个格式项的含义。这些辅助字符出现在%符号和后面的格式码之间。

整数有 3 种不同类型，对应 3 种不同长度：short、long 和正常长度。如果一个 short 整数作为任何一个函数（也包括 printf 函数）的参数出现，它会被自动地扩展为一个正常长度的整数。但是，我们仍然需要一种方式，来通知 printf 函数某个参数是 long 型整数。我们可以在格式码之前紧挨着插入一个长度修饰符 l，

创造出%ld、%lo、%lx 和%lu 等新的格式码。这些前面加了修饰符的格式码与不加修饰符的格式码在行为方式上完全相同，只是它们要求 long 型整数作为其对应参数。即使在小部分不直接支持 long unsigned 类型数值的 C 语言实现上，%lu 格式项仍然会把 long 型整数当作 long 型无符号整数打印出来。l 修饰符只对用于整数的格式码有意义。

许多 C 语言实现以同样的精度存储 int 型和 long 型的数值。在这种机器上，如果忘记使用 l 修饰符，将不会被检测到；只有当程序被移植到另一种 int 型和 long 型有真正区别的机器上时，错误才会暴露出来。因此，例如：

```
long size;
...
printf("%d\n", size);
```

在某些机器上能够工作，而在另一些机器上却无法工作。

利用宽度修饰符，我们可以轻松做到在固定长度的域内打印数值。宽度修饰符出现在%符号和格式码的中间，其作用是指定它所修饰的格式项所应打印的字符数。如果待打印的数值不能填满位置，它的左侧就会被补上空格字符以使这个数值的宽度满足要求。如果待打印的数值太大而超过了给定的域宽，输出域就会适当地调整以容纳该数值。宽度修饰符绝对不会截断一个输出域。当我们使用宽度修饰符来按列对齐一组数字时，如果一个数值太大而不能被它所在的栏所容纳，那么它就会挤占同一行右侧紧邻数值的位置。

下面这段代码：

```
int i;
for (i = 0; i <= 10; i++)
        printf("%2d %2d *\n", i , i*i);
```

将生成以下输出：

```
 0  0 *
 1  1 *
 2  4 *
 3  9 *
 4 16 *
 5 25 *
 6 36 *
 7 49 *
 8 64 *
 9 81 *
```

```
10 100 *
```

上例中的*用于标识一行的结束。数值 100 需要 3 个字符才能完整显示，而宽度修饰符指定的是 2 字符的域宽，因此它所在的域将会被自动扩展，而同一行后面的部分将依次右移。

宽度修饰符对所有的格式码都有效，甚至%%也不例外。因此，例如：

```
printf("%8%\n");
```

将在一个宽度为 8 字符的域中以右对齐的方式打印出一个%符号。换言之，就是先打印出 7 个空格字符，然后紧跟着打印一个%符号。

精度修饰符的作用是控制一个数值的表示中将要出现的数字位数，或者用于限制将要打印的字符串中应该出现的字符数。精度修饰符包括一个小数点和小数点后面的一串数字。精度修饰符出现在%符号和宽度修饰符之后，格式码与长度修饰符之前。精度修饰符的确切含义与格式码有关。

- 对于整数格式项%d、%o、%x 和%u，精度修饰符指定了打印数字的最少位数。如果待打印的数值并不需要这么多位数的数字来表示，就会在它的前面补上 0。因此，

  ```
  printf("%.2d/%.2d/%.4d\n", 7, 14, 1789);
  ```

  将打印出：

  ```
  07/14/1789
  ```

- 对于%e、%E 和%f 格式项，精度修饰符指定了小数点后应该出现的数字位数。除非标志（Flag，我们马上将讨论到）另有说明，否则仅当精度大于 0 时打印的数值中才会实际出现小数点。因此，当我们包含了 math.h 头文件之后：

  ```
  double pi;
  pi = 4 * atan(1.0);
  printf("%.0f %.1f %.2f %.3f %.6f %.10f\n",
         pi, pi, pi, pi, pi, pi);
  printf("%.0e %.1e %.2e %.10e\n",
         pi, pi, pi, pi, pi, pi);
  ```

  将打印出：

  ```
  3 3.1 3.14 3.142 3.141593 3.1415926536
  3e+00 3.1e+00 3.14e+00 3.1415926536e+00
  ```

- 对于%g 和%G 格式项，精度修饰符指定了打印数值中的有效数字位数。除非标志另有说明，否则非有效数字的 0 将被去掉。如果小数点后不跟数字，则小数点也将被删除。

  ```
  printf("%.1g %.2g %.4g %.8g\n",
            10/3.0, 10/3.0, 10/3.0, 10/3.0);
  ```

  将生成以下输出：

  ```
  3 3.3 3.333 3.3333333
  ```

- 对于%s 格式项，精度修饰符指定了将要从相应的字符串中打印的字符数。如果该字符串中包含的字符数少于精度修饰符所指定的字符数，输出的字符数就会少于精度修饰符指定的数目。如果需要，我们可以通过域宽修饰符来加长输出。

  在某些系统中，文件名组件被存储在一个包含有 14 个字符元素的数组中。如果组件名少于 14 个字符，那么数组的剩余部分将被空字符填充；但是，如果组件名恰好为 14 个字符，数组将被完全占用，没有一个空字符来作为结束标志。要打印这样的文件名，应该表示为如下样式：

  ```
  char name[14];
  ...
  printf("... %.14s ...", ..., name, ...);
  ```

  这样做就保证了无论文件名有多长，它总能够被正确地打印输出。使用%14.14s 格式项，将确保打印出 14 个字符，而不管文件名的长度究竟如何（如果有必要，将在文件名的左侧填补空白字符以达到 14 个字符；至于如何在右侧填补，我们马上将要讲到）。

- 对于%c 和%%格式项，精度修饰符将被忽略。

A.1.3 标志

我们可以在%符号和域宽修饰符之间插入标志字符，以微调格式项的效果。标志字符以及它们的含义如下。

- 在显示宽度大于被显示位数时，数据尾部都以显示区的右端对齐，左端则被填充空白字符。标志字符-的作用是，要求显示方式改为左端对齐，在右端填充空白字符。因此，仅当域宽修饰符存在时，标志字符-才有意义（否则，填充空白字符就无从说起）。

要在固定栏内打印字符串，一般来说，左端对齐的形式看上去要美观整齐一点。因此，类似于%14s 这样的格式项可能并不正确，而应该写作%-14s。前面的例子如果稍作改动，得到的结果会更赏心悦目一些：

```
char name[14];
...
printf("... %-14s ...", ..., name, ...);
```

- 标志字符+的作用是，规定每个待打印的数值在输出时都应该以它的符号（正号或负号）作为第一个字符。因此，非负数打印出来后，应该在最前面有一个正号。标志字符+与标志字符–之间不存在任何联系。

```
printf("%+d %+d %+d\n", -5, 0, 5);
```

将生成以下输出：

```
-5 +0 +5
```

- 空白字符作为标志字符时，它的含义是：如果某数是一个非负数，就在它的前面插入一个空白字符。如果我们希望让固定栏内的数值向左对齐，而又不想用标志字符+，这一点就特别有用。如果标志字符+与空白字符同时出现在一个格式项中，最终的效果以标志字符+为准。例如：

```
int i;
for (i = -3; i <= 3; i++)
        printf("% d\n", i);
```

将打印出：

```
-3
-2
-1
 0
 1
 2
 3
```

如果我们希望在固定栏内按科学计数法打印数值，格式项% e 和%+e 要比正常的格式项%e 有用得多。因为这时出现在非负数前面的正号（或者空白）保证了所有输出数值的小数点都会对齐。例如：

```
double x;
for (x = -3; x <= 3; x++)
```

```
printf("% e  %+e  %e\n", x, x, x);
```

将打印出：

```
-3.000000e+000  -3.000000e+000  -3.000000e+000
-2.000000e+000  -2.000000e+000  -2.000000e+000
-1.000000e+000  -1.000000e+000  -1.000000e+000
 0.000000e+000  +0.000000e+000  0.000000e+000
 1.000000e+000  +1.000000e+000  1.000000e+000
 2.000000e+000  +2.000000e+000  2.000000e+000
 3.000000e+000  +3.000000e+000  3.000000e+000
```

我们注意到，按%e 格式项打印出来的最后一列数值的小数点并没有正确地对齐，而按另外两个格式项打印出来的前两列数值的小数点就对齐了。

- 标志字符#的作用是对数值输出的格式进行微调，具体的方式与特定格式项有关。给%o 格式项加上标志字符#的效果是：当有必要时增加数值输出的精度（只需让输出的第 1 个数字为 0 就已经做到了）。这么规定的意义在于，让八进制数值输出的格式与大多数 C 程序员惯用的形式一致。%#o 与 0%o 并不相同，因为 0%o 把数值 0 打印成 00，而%#o 的打印结果是 0。同理，格式项%#x 与%#X 要求打印出来的十六进制数值前面分别加上 0x 或 0X。

  标志字符#对浮点数格式的影响有两方面：其一，它要求小数点必须被打印出来，即使小数点后没有数字也是如此；其二，如果用于%g 或%G 格式项，打印出的数值尾缀的 0 将不会被去掉。例如：

  ```
  printf("%.0f %#.0f %g %#g\n",
          3.0, 3.0, 3.0, 3.0);
  ```

  将打印出：

  ```
  3 3. 3 3.00000
  ```

  除了+和空白字符，其余的标志字符都是各自独立的。

A.1.4 可变域宽与精度

在部分 C 程序中，某些字符数组的长度被有意地定义为一个显式常量（manifest constant）。这样，如果数组长度有变动，只需要改动一处即可。但是，在需要打印字符数组的长度时，又只能在程序中把它写成整数常量（这种在程序中写“死”的数字，一般称为 magic number）。由此，我们此前提到的那个例子，可能被写成下面这样：

```
#define NAMESIZE 14
char name[NAMESIZE];
...
printf("... %.14s ...", ..., name, ...);
```

这样做实在是不智之举。我们定义 NAMESIZE 的目的就是希望只需要在一处提及 14 这个数值。而像这样写，当改动 NAMESIZE 之后，我们还需要搜索每个 printf 函数调用的地方以找到要更改的数值，而这恰恰是最容易遗忘或忽视的地方。然而，我们又不能够在 printf 函数调用中直接使用 NAMESIZE：

```
printf("... %.NAMESIZE ...", ... , name, ...);
```

这样写一点用处也没有，因为预处理器的作用范围不能达到字符串的内部。

考虑到这些，printf 函数因此允许间接指定域宽和精度。要做到这一点，我们只需用*替换域宽修饰符或精度修饰符其中之一，或者两者都替换。在这种情况下，printf 函数首先从参数列表中取得将要使用的域宽或精度的实际数值，然后使用该数值来完成打印任务。因此，上面的例子可以写成这样：

```
printf("... %.*s ...", ... , NAMESIZE, name, ...);
```

如果我们使用*同时替换域宽修饰符与精度修饰符，那么后面的参数列表中将依次出现代表域宽的参数、代表精度的参数以及代表要打印的值的参数。因此，

```
printf("%*.*s\n", 12, 5, str);
```

与下式完全等效

```
printf("%12.5s\n", str);
```

这个式子将打印出字符串 str 的前 5 个字符（或者更少，如果 strlen(s) < 5），前面将填充若干空白字符以达到总共打印 12 个字符的要求。下面这个例子鲜有人能够说明其含义：

```
printf("%*%\n", n);
```

上式将在宽度为 n 个字符的域内以右端对齐的方式打印出一个%符号，换言之，就是先打印 n-1 个空白字符，后面再跟一个%符号。

如果*用于替换域宽修饰符，而与其对应的参数的值为负数，那么效果相当

于把负号作为-标志字符来处理。因此，上例中如果 n 为负数，输出结果首先是一个%符号，后面再跟-n-1 个空格（原书为 1-n，疑此处有误）。

A.1.5　新增的格式码

ANSI C 标准的定义中新增了两个格式码：%p 和%n。%p 用于以某种形式打印一个指针，具体的形式与特定的 C 语言实现有关（译注：一般是打印出该指针所指向的地址）。%n 用于指出已经打印的字符数，这个数被存储在对应参数（一个整型指针）所指向的整数中。执行完以下代码之后，

```
int n;
printf("hello\n%n", &n);
```

n 的值就是 6。

A.1.6　废止的格式码

随着时间的推移，printf 函数的有些特性也逐渐消亡。但仍有一些 C 语言实现，还对它们提供支持。

%D 和%O 格式项曾经与%ld 和%lo 的含义相同。不仅于此，%X 格式项与%lx 格式项也一度有相同的含义。后来人们考虑到，“能够以大写字母打印十六进制的数值”这一特性要更为有用，因此%X 的含义就被改成了现在这个样子。同时，%D 和%O 格式项也被废止了。

过去，要打印一个数值并在它前面填充 0，唯一的办法就是使用标志字符 0。标志字符 0 的作用是指定待打印的数值前应该填充 0 而不是空白字符。因此，

```
printf("%06d %06d\n", -37, 37);
```

将打印出：

```
-00037 000037
```

然而，当我们要打印十六进制的数值或希望左端对齐时，如果还采用这种定义方式，那么各种因素交错在一起就会得到相当“怪异”的结果。其实，我们完全可以采用一种更好的方式，即使用精度修饰符：

```
printf("%.6d %.6d\n", -37, 37);
```

将打印出：

```
-000037 000037
```

在大多数场合，我们都可以用%.来替换%0，效果也非常接近。

A.2 使用 varargs.h 来实现可变参数列表

在编写 C 程序的过程中，随着程序规模的增大，程序员经常感到有必要进行系统化的错误处理。很自然可以想到一个办法，就是创建一个函数，不妨称之为 error，调用的参数顺序与 printf 相同，因此，

```
error("%d is out of bounds", x);
```

就与下式等效

```
fprintf(stderr, "error: %d is out of bounds\n", x);
exit(1);
```

要实现这样一个函数可以说是轻而易举，只是有一个小细节“梗”住了我们：error 函数的参数数目与类型在不同的调用间并非一成不变，而是像 printf 函数那样可能随调用的不同而变动。一个典型的解决之道是把 error 函数写成像下面这样，可惜这种做法并不正确：

```
void error(a, b, c, d, e, f, g, h, i, j, k)
{
        fprintf(stderr, "error: ");
        fprintf(stderr, a, b, c, d, e, f, g, h, i, j, k);
        fprintf(stderr, "\n");
        exit(1);
}
```

编程人员的想法是通过函数 error 的参数列表来搜集一组必要的数据，然后将其传递给 fprintf 函数。因为参数 a 到 k 并没有声明，所以它们默认为 int 类型。当然，error 函数至少包括了一个非 int 类型的参数（即格式字符串）。因此，这个程序能否工作就依赖于是否可以使用一组整型参数来复制任意类型的数值。

在某些机器上，我们无法做到这一点。即使可以做到，效果也是有限的：如果 error 函数的参数足够多（比如，超过上例中的 11 个），某些参数肯定要丢失。但是，既然 printf 函数能够做得到，那么必定存在一种办法，可以传递可变参数列表给一个函数。

printf 函数的第 1 个参数必须是一个字符串，我们可以通过检查这个字符串来得到其他参数的数目与类型（当然，假定对 printf 函数的调用是正确的）。这一事

实使得 printf 函数实现可变参数列表的难度大大降低了。我们需要做的就是找到 printf 函数用以存取变长参数列表的机制。

为了便于 printf 函数的实现，这样一种机制应该拥有以下特性。

- 只需要知道函数的第 1 个参数的类型，就可以对其进行存取。
- 一旦第 n 个参数被成功地存取，第 n+1 个参数就可以在仅知道类型的情况下进行存取。
- 按这种方式存取一个参数所需的时间不应太多。

需要特别注意的是，逆向存取参数，或者随机存取参数，或者以任何非从头到尾的顺序方式来存取参数，都是不必要的。进一步来说，检测参数列表是否结束通常既不必要，也不可能。

大多数 C 语言实现都是通过一组总称为 varargs 的宏定义来达到上述目的。这些宏的确切性质虽然与特定的 C 语言实现有关，但是只要我们在程序中运用得当，还是能够在相当多的机器上使用可变参数列表。

任何一个程序，只要用到 varargs 中的宏，就应该像下面这样：

```
#include <varargs.h>
```

以在程序中把相关的宏定义包括进来。varargs.h 头文件中定义了宏名 va_list、va_dcl、va_start、va_end 以及 va_arg。va_alist 一般由编程人员来定义，我们马上将讨论如何来做。需要强调的是，应该避免混淆 va_list 与 va_alist。

任何一个 C 语言实现中，对于可变参数列表的第 n 个参数，在已知其类型的情况下要对其进行存取，还需要一些额外的信息。这些信息是通过已经可以存取的第 1 个参数到第 n–1 个参数而间接得到的，可以把它看作一个指向参数列表内部的指针。当然，在某些机器上具体的实现可能要复杂得多。

这些信息存储在一个类型为 va_list 的对象中。因此，当声明了一个名称为 ap 的类型为 va_list 的对象后，我们只需要给定 ap 与第 1 个参数的类型，就可以确定第 1 个参数的值。

通过 va_list 存取一个参数之后，va_list 将被更新，指向参数列表中的下一个参数。

因为一个 va_list 中包括了存取全部参数的所有必要信息，所以函数 f 可以为它的参数创建一个 va_list，然后把它传递给另一个函数 g。这样，函数 g 就能够访问到函数 f 的参数。

例如，在许多 C 语言实现中，printf 函数族中的 3 个函数（printf、fprintf 和 sprintf），它们都调用了一个公共的子函数。而对这个子函数来说，获取它的调用函数的参数就很重要。

被调用时带有可变参数列表的函数，必须在函数定义的首部使用 va_alist 和 va_dcl 宏，如下所示：

```
#include <varargs.h>
void error (va_alist) va_dcl
```

宏 va_alist 将扩展为特定 C 实现所要求的参数列表，这样函数就能够处理变长参数；而宏 va_dcl 将扩展为与参数列表对应的声明，必要时还包括一个作为语句结束标志的分号。

我们的 error 函数必须创建一个 va_list 变量，把变量名传递给宏 va_start 来初始化该变量。这样做之后，就可以逐个读取 error 函数的参数列表中的参数了。当程序不再用到参数列表中的参数时，我们必须以 va_list 变量名为参数来调用宏 va_end，表示不再需要用到 va_list 变量了。

我们的 error 函数于是进一步扩展为：

```
#include <varargs.h>
void error (va_alist) va_dcl
{
      va_list ap;
      va_start(ap);
      //这里是使用 ap 的程序部分
      va_end(ap);
      //这里是不使用 ap 的其他程序部分
}
```

我们务必记住，在使用完 va_list 变量后一定要调用宏 va_end。在大多数 C 实现中，调用 va_end 与否并无区别。但是，某些版本的 va_start 宏为了方便对 va_list 进行遍历，会给参数列表动态分配内存。这样一种 C 实现很可能利用 va_end 宏来释放此前动态分配的内存，如果忘记调用宏 va_end，最后得到的程序可能在某些机器上没有什么问题，而在另一些机器上则发生“内存泄漏”。

宏 va_arg 用于对一个参数进行存取。它的两个参数分别为 va_list 变量名和希望存取的参数的数据类型。va_list 宏将取得这个参数，并更新 va_list 变量，使其指向下一个参数。因此，我们的 error 函数现在看上去成了下面这个样子：

```
#include <varargs.h>
void error (va_alist) va_dcl
{
        va_list ap;
        char *format;

        va_start(ap);
        format = va_arg(ap, char *);
        fprintf(stderr, "error: ");

        //(do something magic) //某些实现方式暂时未知的工作

        va_end(ap);
        fprintf(stderr, "\n");
        exit(1);
}
```

现在我们暂时受阻了：没有办法让 printf 函数接受一个 va_list 变量作为参数。我们又确实需要做到这一点，正如“do something magic（某些实现方式暂时未知的工作）”的注释所表明的那样，但是如何能做到呢？

幸运的是，ANSI C 标准要求，而且很多 C 语言实现也提供了分别称为 vprintf、vfprintf 和 vsprintf 的函数。这些函数与对应的 printf 函数族中的函数在行为方式上完全相同，只不过用 va_list 替换了格式字符串后的参数序列。这些函数之所以能够存在，理由有两个：其一，va_list 变量可以作为参数传递；其二，va_arg 宏可以独立出现在一个函数中，并不强制要求与 va_start 宏（该宏的作用是初始化 va_list 变量）成对使用。

因此，error 函数的最终版本如下所示：

```
#include <stdio.h>
#include <varargs.h>
void error (va_alist) va_dcl
{
        va_list ap;
        char *format;

        va_start(ap);
        format = va_arg(ap, char *);
        fprintf(stderr, "error: ");
```

```
        vfprintf(stderr, format, ap);
        va_end(ap);
        fprintf(stderr, "\n");
        exit(1);
}
```

下面还有一个例子，我们将演示利用 vprintf 来实现 printf 函数的一种可行方式。注意，不要忘记保存 vprintf 函数的结果，我们需要把这个结果返回给 printf 函数的调用方。

```
#include <varargs.h>

int printf(va_alist) va_dcl
{
            va_list ap;
            char *format;
            int n;

            va_start(ap);
            format = va_arg(ap, char *);
            n = vprintf(format, ap);
            va_end(ap);
            return n;
}
```

A.2.1 实现 varargs.h

varargs.h 的一个典型实现包括一组宏以及一个 va_list 的 typedef 声明：

```
typedef char *va_list;
#define va_dcl int va_alist;
#define va_start(list) list = (char *)&va_alist
#define va_end(list)
#define va_arg(list,mode) \
        ((mode *) (list += sizeof(mode)))[-1]
```

我们首先注意到，在这个版本的 varargs.h 中，va_alist 甚至不是一个宏：

```
#include <varargs.h>
void error (va_alist) va_dcl
```

将扩展为：

```
typedef char *va_list;
void error (va_alist) int va_alist;
```

因此，一个接受可变参数列表的函数表面上看来只有一个名称为 va_alist 的 int 型参数。

这个例子实际上隐含了如下假定：底层的 C 语言实现要求函数参数在内存中连续存储，这样我们只需知道当前参数的地址，就能依次访问参数列表中的其他参数。因此，在 varargs.h 的这个实现中，va_list 就只是一个简单的字符指针。宏 va_start 把它的参数设置为 va_alist 的地址（为避免 lint 程序的警告，这里做了类型转换），而宏 va_end 则什么也不做。

最复杂的宏是 va_arg。它必须返回一个由 va_list 所指向的恰当类型的数值，同时递增 va_list，使它指向参数列表中的下一个参数（即递增的大小等于与 va_arg 宏所返回的数值具有相同类型的对象的长度）。因为类型转换的结果不能作为赋值运算的目标（译注：即只能先赋值再进行类型转换，而不能先类型转换再赋值），所以 va_arg 宏首先使用 sizeof 来确定需要递增的大小，然后直接把它加到 va_list 上，这样得到的指针再被转换为要求的类型。因为该指针现在指向的位置“过”了一个类型单位的大小，所以我们使用了下标-1 来存取正确的返回参数。

这里有一个“陷阱”需要避免：va_arg 宏的第二个参数不能被指定为 char、short 或 float 类型。因为 char 和 short 类型的参数会被转换为 int 类型，而 float 类型的参数会被转换为 double 类型。如果错误地指定了，将会在程序中引起麻烦。

例如，这样写肯定是不对的：

```
c = va_arg(ap,char);
```

因为我们无法传递一个 char 类型参数，如果传递了，它将会被自动转换为 int 类型。上面的代码应该写成：

```
c = va_arg(ap,int);
```

另一方面，如果 cp 是一个字符指针，而我们又需要一个字符指针类型的参数，下面这样写就完全正确：

```
cp = va_arg(ap,char *);
```

当作为参数时，指针并不会被转换，只有 char、short 和 float 类型的数值才会被转换。

我们还应该注意到，不存在任何内建的方式来得知给定的参数数目。使用

varargs 系列宏的每个程序，都有责任通过确立某种约定或惯例来标志参数列表的结束。例如，printf 函数使用格式字符串作为第一个参数，来确定其余参数的数目与类型。

A.3　stdarg.h：ANSI 版的 varargs.h

头文件 varargs.h 中系列宏的历史最早可追溯到 1981 年，因此许多 C 语言实现都对其提供支持。然而，ANSI C 标准却包括了另一种不同的机制（称为 stdarg.h），来处理可变参数列表。

7.1 节中的讨论，无论是对于 C 语言用户还是实现人员，在这里仍然是适用的。在符合 ANSI C 标准的编译器中包括 varargs.h，将其作为功能上的一种扩展，这是个不错的主意，可以让早期的程序继续运行。因此，在编程实践中，使用 varargs.h 的程序比使用 stdarg.h 的程序可移植性要强，能够运行其上的系统平台也要多一些。但如果你要编写一个遵循 ANSI C 标准的程序，就必须使用 stdarg.h，而且别无他选！这是一个让人左右为难的情形，不管做出何种选择，都必须付出相应代价。

我们观察到，具有可变参数列表的函数，它们的第 1 个参数的类型在每次调用时实际上都是不变的。varargs.h 和 stdarg.h 的主要区别就来自于这一事实。类似 printf 这样的函数，可以通过检查它的第 1 个参数，来确定它的第 2 个参数的类型。但是，从参数列表中我们找不到任何信息用以确定第 1 个参数的类型。因此，使用 stdarg.h 的函数必须至少有一个固定类型的参数，后面可以跟一组未知数目、未知类型的参数。

作为一个现成的例子，让我们再来看一下 error 函数。它的第 1 个参数就是 printf 函数中的格式字符串，是一个字符指针类型。因此，error 函数可以如下声明：

```
void error(char *, ...);
```

那么 error 函数的定义又是怎样呢？stdarg.h 头文件中并没有 varargs.h 中的 va_arg 和 va_dcl 宏。使用 stdarg.h 的函数直接声明其固定参数，把最后一个固定参数作为 va_start 宏的参数，即以固定参数作为可变参数的基础。因此，error 函数的定义如下所示：

```
#include <stdio.h>
#include <stdarg.h>

void error(char *format, ...)
{
        va_list ap;
        va_start(ap, format);
        fprintf(stderr, "error: ");
        vfprintf(stderr, format, ap);
        va_end(ap);
        fprintf(stderr, "\n");
        exit(1);
}
```

本例中，我们无须使用 va_arg 宏，因为此处格式字符串属于参数列表的固定部分。

下面这个例子演示了如何使用 stdarg.h 来编写 printf（其中用到了 vprintf）：

```
#include <stdarg.h>

int
printf(char *format, ...)
{
        va_list ap;
        int n;

        va_start(ap,format);
        n = vprintf(format, ap);
        va_end(ap);
        return n;
}
```

附录 B　Koenig 和 Moo 夫妇访谈

作者：Andrew Koenig、Barbara Moo

采访：王曦、孟岩

译者：孟岩

【译者注】Andrew Koenig 和 Barbara Moo 夫妇是 C++领域内国际知名的技术专家、技术作家和教育家。最近，他们的几部著名作品《C++沉思录》（*Ruminations on C++*）、《C 陷阱与缺陷》（*C Traps and Pitfalls*）和《Accelerated C++中文版》即将问世。作为 *C++ View* 的成员和《C++沉思录》一书的技术审校，我与 *C++ View* 电子杂志的主编王曦一起对 Koenig 夫妇进行了一次电子邮件形式的采访。下面是这次采访的中文译稿。

【Koenig 的悄悄话】你们问的问题，我们已经答复如下。大部分问题我们都是分别回答的，有些问题是我们两个人一起回答的，只个别情况是一个人作答。我们是在尼亚加拉瀑布度假期间完成这次采访的，我脑子里一直在想，对我们的中国读者说些什么好呢？这事让我想得头疼。也许结束度假之后，我们能说得更好些。

提问：请介绍你们自己的一些情况好吗？“Koenig”是个德国姓氏吗？怎么发音呢？“Moo”呢？

Koenig：“Koenig”是一个很常见的德国姓氏，在德文里写成“König”，意义是“国王”（king）。不过我的情况很特殊。我祖上是波兰和乌克兰人，不是德国人。这个名字其实是一个长长的波兰姓氏的缩写。我读自己名字的时候，重音放在前面的音节，整体的音韵类似“go”的发音。而一些与我同名的人发音时，第一个音节的音韵类似“way”的发音，我们家里人从来不这么说。

Moo：谈到我这个姓氏，最重要的一点就是，其发音跟牛叫的声音一模一样——当我还是孩子的时候，小伙伴们经常模仿牛叫声来取笑我。我父辈从斯堪迪纳维亚移民来到美国，这个姓是个挪威姓。我在自己的 C++技术生涯中最快乐的时刻之一，就是在遇到 Simula 阵营里的 Kristen Nygaard 时，他告诉了我这个姓氏的起源。他说这个姓氏多少反映了我祖先居住的地方——Moo 是一个很少见的挪威姓氏，其意义是“荒芜的平原”，既不是亚欧大陆上那种一望无际、水草丰茂的大草原，也不是沙漠。我想这不是个很浪漫的姓氏，不过能够跟祖先联系起来，还是很有趣的。

顺便一提，中国读者可能会对以下事实感兴趣。很多人在见到我之前，都以为我是中国人。我甚至收到过来自中国的电话推销，希望我去中国作一次远程旅行，认祖归宗。

提问：Stanley Lippman 在 *Inside the C++ Object Model* 一书中提到了贝尔实验室的 Foundation 项目，他这么说：“这是一个很令人激动的项目，不仅仅因为我们所作的事情令人激动，而且我们的团队同样令人激动：Bjarne、Andy Koenig、Rob Murray、Martin Carroll、Judy Ward、Steve Buroff 和 Peter Juhl，当然还有我自己。除了 Bjarne 和 Andy 之外，所有的人都归 Barbara Moo 管理。她经常说，管理一个软件开发团队，就像放牧一群骄傲的猫。”请问，这段与 Bjarne 和其他人共事的日子，对你们二位真的那么美好吗？

Koenig：那一段日子在我看来不过是我长达 15 年的 C++生涯中的一部分，而 Foundation 项目里的人也只不过是一个更大社群中的一部分。当时我已经开始在标准委员会中开展工作，所以我不仅要与同一屋檐下的人讨论，还要经常与全世界各地的数十位 C++程序员互相交流。

Moo：我倒是更喜欢当年围绕 Cfront 的那段工作经历。Cfront 是最早的 C++编译器，那是一个伟大的团队，而且我们处于一个新语言的创造中心，一种新的更好的工作方法的创造中心。那是一段令人激动的时光，我将永远保存在记忆里。

提问：作为 C++标准委员会的项目编辑，哪件事情最令您激动？我们都知道，是您鼓励 Alex Stepanov 向标准委员会提交 STL，并建议将其并入标准库。关于这个传奇故事，您还能向我们透露一些细节吗？

Koenig：当时 Barbara 和我跑到位于加州帕洛阿尔托的斯坦福大学去教授一星期的 C++课程。当时 Alex Stepanov 在惠普实验室工作，也在帕洛阿尔托，我们以前在 AT&T 共事过，所以对他以前的工作有所了解。很自然地，我们邀请他共进午餐。席间他非常兴奋地提起他和他的同事正在开发的一个 C++库。

不久之后，标准委员会在圣何塞开会，那里距离帕洛阿尔托只有不到一小时车程。我觉得 Alex 的想法实在很有意思，就邀请他给标准委员会的成员讲了一课。

我们都觉得，当时标准化的工作已经十分接近完成，他的工作不可能对标准构成什么影响。但是，我们至少应该让委员会成员知道它的存在，起码以后我们可以说 STL 是被拒了，而不是我们孤陋寡闻，致有遗珠之憾。

那次交流会是我所参加过的技术报告中最令人激动的几个之一。在长长的一天之后，会议接近结束时，一半人已经疲惫不堪——可是 Alex 的精力极其充沛，而且他的思想如此先进，大大超越我们以前见过的任何东西。因此，当会议快结束时，委员们开始认真地讨论是否应该将这个库并入 C++标准。

当然，后来这个库就被渐渐纳入标准，但其实际过程还是相当惊险的。有好几次至关重要的投票，都可能把它扼杀掉。有一次，程序库子委员会甚至决定投票拒绝考虑 Alex 的建议，幸好我及时指出，我们通常的议事规程是，先解决旧的议题，然后再考虑新的议题，就算是准备拒绝建议，也不应该违例。我们围绕 Alex 的建议展开了大量的讨论，最后，终于有足够多的人改变了主意，促使委员会逐渐接受了它。

提问：你们二位对于现在的 C++教育状况怎么看？我们是否应该更加重视标准库教育，而不是语言细节的教育？或者你们有别的看法？

Koenig：当前 C++的教育状况实在太糟糕了。很多所谓的 C++教材不过是 C 语言书，只是在结尾粘贴一点点 C++的材料而已。结果呢，他们告诉读者，字符串乃是定长字符数组，应该用标准库中的 strcpy 和 strcmp 来操作。一个程序员一旦在一开始掌握了这些东西，就会根深蒂固，多年挥之不去。就其本身而言，C++是一种非常低级的语言，唯有利用库才能写出高层次的程序来。初学者还不能自己构造库，所以他们要么用现成的标准库，要么自己去写低层次的程序。确实有不少程序应该用低层次技术来构造，但是对于初学者不合适。

Moo：当然是库优于语言细节，这有两个原因：首先，学生可以不必费力包装低层次的语言细节，从而更容易建立整体语言的全局观念，了解到其真实威力。根据我们的经验，学生在掌握如何使用程序库之后，就会很容易理解类的概念，学会如何构造类的技术。如果首先去学习语言细节，那么就很难理解类的概念及其功能。这种理解上的缺陷使他们很难设计和构造自己的类。

不过，更重要的一点是，首先学习程序库，能够使学生培养起良好的习惯，就是复用库代码，而不是凡事自己动手。首先学习语言细节的学生，最后的编程风格往往是 C 类型的，而不是 C++风格。他们不会充分地运用库，而自己的程序带有严重的 C 主义倾向——指针满天飞，整个程序都是低层次的。结果是，在很多情况下，你为 C++的复杂性付出了高昂代价，却没有从中获得任何好处。

提问：在《C++沉思录》中，你们提到："C++希望面对把实用性放在首位的社群。"不过在实践中，很多程序员都在抱怨，要形成一个好的 C++设计实在是太难了，他们觉得 Java 甚至老式的 C 语言都比 C++更为实用。这种看法有什么错误吗？你们对奉行实用主义的 C++程序员有何建议？

Koenig：你们中国人有没有类似这样的谚语："糟糕的手艺人常常责怪自己的工具？"还有一句，"当你手里拿着锤子的时候，整个世界都成了钉子。"编程问题彼此不同。在我看来，就一个问题产生良好的设计方案的途径，就是使用一种允许你进行各种设计的工具。这样一来，你就可以选择最适合该问题的设计方案。如果你选择了这样的工具，那么你就必须负责选择合适的设计方案。

Moo：关于这个问题，我想用一个项目的实例来说明，那是 AT&T 最早采用 C++开发的一个项目。他们在写一个已经建成的系统的第 2 版，所以认为对问题域已经有足够深入的了解。他们估计学习 C++是整个工作中比较困难的一部分。然而实际上，他们在开发中发现，他们对问题领域并没有很好的理解，于是花费了大量的时间来形成正确的抽象。设计是很困难的，语言问题相对容易得多。我们相信，C++在运行时性能上做了一个很好的折中，能够在"一切都是对象"的语言与"避免任何抽象"的语言之间取得恰到好处的平衡。这就是 C++的实用性。

提问：有一点看起来你们与几乎所有的 C++技术作家意见不同。其他人都高声宣扬，面向对象编程乃是 C++最重要的一面。而你们认为模板才是最重要的。我仔细阅读了《C++沉思录》中有关 OOP 的章节，发现你们所给出的几个例子和解决方案在某些方面是很相似的。你们是否认为所有"良好"的面向对象解决方案都具有某种共同的特质？是否在很多情况下，OO 都不如其他的风格？为什么认为"基于对象"和"基于模板"的抽象机制优先于面向对象抽象机制？

Koenig：所谓面向对象编程，就是使用继承和动态绑定机制编程。如果你知道有一个很好的程序使用了继承和动态绑定，你能做出怎样的推断？在我们看来，这意味着该程序中有两个或两个以上的类型，至少有一个共同的操作，也至少有一个不同的操作。否则，就不需要继承机制。此外，程序中必然有一个场景，需要在运行时从这些类型中挑选出一个，否则就不需要动态绑定机制。再考虑到我们所举的例子必须足够短小精悍，能够放在一本书里，还不能让读者烦心，所以对我们来说，很难在所有这些限制条件下想出很多不同的程序范例。

某些面向对象编程语言，如 Python，其所有类型都是动态的，那么技术图书的作者就不会面对这样的问题。例如，C++中的容器类大多数用模板写成，因其可以容纳毫无共同之处的对象，所以要求元素类型必须是某个共同基类的派生类毫无道理。然而，在 Python 中，容器类中本来就可以放置任何对象，所以类似模板那样的类型机制就不必要了。

所以，我认为你所看到的问题，其实是因为很难找到又小又好的面向对象程序来做范例，才会产生的。而且，对于其他语言必须烦劳动态类型才能解决的问题，C++能够使用模板来高效地解决。

Moo：我同意，我们写的东西让你很容易地得出上述结论。但是在这个特例里，我们所写的东西并不能代表我们的全部观点。我们针对 C++写了很多的介绍性和提高性的材料。在这本书里，“基于对象设计”中的抽象机制就已经很难掌握了，而又必须在介绍面向对象方法之前讲清楚。所以，我们所写的东西实际上是想展示这样的观点：除非你首先掌握了构造良好类的技术，否则急急忙忙去研究继承就是揠苗助长。

另一个因素是，我们希望用例子来推进我们的教学。若要展示良好的面向对象设计，问题可能会变得很复杂。这种例子没法很快掌握，也不适合本书的风格。

提问：如果说我只能记住你的一句话，那一定是这句：“用类来表示概念。”你在《C++沉思录》中反复强调这句话，给我留下了极其深刻的印象。假设我能再记住一句话，你们觉得应该是什么？

Koenig & Moo：“避免重复”。如果你发现自己在程序的两个不同部分中做了相同的事情，则试着把这两个部分合并到一个子过程中。如果你发现两个类的行为相近，则试着把这两个类的相似部分统一到基类或模板中。

提问：你们在《C++沉思录》中有两句名言：“类设计就是语言设计，语言设计就是类设计。”你们对 C++标准库的未来如何看待？人们是应该开发更多的实用组件，比如 boost::thread 和 regex++，还是继续激进前行，支持不同的风格，像 boost::lambda 和 boost::mpl 所做的那样？

Koenig： 我觉得现在回答这个问题还为时尚早。从根本上讲，C++语言反映了其社群的状况，而当前整个社群中各种声音都有。我看还需要一段时间才能达成共识，确定发展的方向。

提问： 有时，编写平台无关的 C++程序比较困难，而且开发效率也不能满足需求。你是否认为把 C++与其他的语言，尤其类似 Python 和 TCL/TK 那样的脚本语言合并使用是个好主意？

Koenig： 是的。我最近在学习 Python，得出的看法是，Python 和 C++构成了完美的一对组合。Python 程序比相应的 C++程序短小精悍，而 C++程序则比 Python 运行速度要快得多。因此，我们可以用 C++来构造那些对性能要求很高的部分，然后用 Python 把它们粘在一起。Boost 中的一个作者 Dave Abrahams 写了一个很不错的 C++库，很好地处理了 C++与 Python 的接口问题，我认为这是一个好的想法。

提问： 你们的著名作品《C 陷阱与缺陷》、《C++沉思录》和《*Accelerated C++* 中文版》即将问世。想对你们的中国读者说些什么？

Koenig & Moo： 我们应该保持谦虚，有很多人已经从我们的书中学到了一些东西。我们很高兴将会有一个很大的群体成为我们读者群的一部分，希望你们从书中有所收获。

提问： 我在你们的主页上看到不少漂亮的照片。你们有没有访问中国的计划？那一定可以让你们拍到更多的好照片。

Koenig： 几乎所有的照片都是用一架中型照相机拍摄的，它又大又重，以至于在 1995 年的有一次旅行时，我们被禁止把它带上飞机。当然，现在飞机对行李的控制更加严格了，所以我觉得不太可能带着这台相机去中国旅游。现在我只在车程范围内进行严肃的艺术摄影。

提问： 最后一个问题，我们都希望成为更好的 C++程序员。请给我们 3 个你们认为最重要的建议，好吗？

Koenig & Moo：

1. 避免使用指针。

2. 提倡使用程序库。

3. 使用类来表示概念。